浙江工业大学重点教材建设项目"城市社会空间调查：理论、方法与实践"
浙江工业大学优秀课程建设项目（YX1309）"城市专题研究"
国家自然科学基金项目（51108405）"基于社会选择的城市多中心空间结构优化研究"
国家自然科学基金项目（41201165）"社会网络视角下的长三角全球城市区域空间组织"

城乡空间社会调查

——原理、方法与实践

陈前虎　　武前波　　吴一洲　　黄初冬　编著

中国建筑工业出版社

图书在版编目（CIP）数据

城乡空间社会调查——原理、方法与实践 / 陈前虎等编
著. — 北京：中国建筑工业出版社，2015.5（2025.8重印）
ISBN 978-7-112-17928-2

Ⅰ.①城… Ⅱ.①陈… Ⅲ.①城乡规划－空间规划－研
究 Ⅳ.①TU984.11

中国版本图书馆CIP数据核字（2015）第053629号

城乡空间社会调查是高等院校城乡规划专业的一项重要内容，旨在培养学生参与社会调查的
理论、方法、技能与素养。全书内容包括：课程概述；研究建构；资料收集；资料分析；实例评
析等。

本书可供广大城市规划师、城市管理人员、高等院校城乡规划专业师生等学习参考。

责任编辑：吴宇江
责任设计：张　虹
责任校对：李美娜　刘梦然

城乡空间社会调查
——原理、方法与实践
陈前虎　武前波　吴一洲　黄初冬　编著
*
中国建筑工业出版社出版、发行（北京西郊百万庄）
各地新华书店、建筑书店经销
北京京点图文设计有限公司制版
建工社（河北）印刷有限公司印刷
*
开本：787×1092 毫米　1/16　印张：13　字数：278千字
2015年8月第一版　2025年8月第七次印刷
定价：58.00元
ISBN 978-7-112-17928-2
（36786）

前　言

随着全球化及发展中国家城市化进程的加速，城市社会关系日趋错综复杂，城市问题日益彰显凸现，并持续困扰经济社会的快速发展。2008 年新的《城乡规划法》颁布实施，将城乡规划工作的社会属性提到了前所未有的高度；2011 年我国又正式将城乡规划确立为一级学科，这些都标志着城乡规划的学科发展与教育转型有了更强大的动力机制、法律保障及可能的现实途径。与 20 世纪西方发达国家城市规划专业的社会转向相比，我国城乡规划专业的办学方针从传统以工程设计为主导转向以交叉学科思维办学的趋势将更为明显。面对转型，城乡规划院校到底应该培养什么样的学生？如何培养这样的学生？

毋庸置疑，我们既要培养有理想，善于独立思考，敢于坚守自己价值理念的经常"仰望星空"的规划师，同时也要培养基础理论知识扎实，基本技能专业熟练，善于从小事做起，从眼前问题入手的城乡规划专业人才。新的《高等学校城乡规划本科指导性专业规范》明确指出，城乡规划职业教育的指导标准（培养规格）包括 3 个方面的基本要求，分别是素质、知识和技能，其中素质培养中尤其强调职业道德素养和正确的价值观，它决定了规划师要承担的重要的社会角色，要求城乡规划专业学生在校期间就要善于社会综合实践，敢于协调城乡社会群体利益，勇于追求城市空间的社会公平。

价值观决定竞争力。长期以来，受现实环境制约，价值观问题谈起来一直都比较空泛、枯燥与苦涩，学生也不太愿意听。但时至今日，一个缺乏全面正确价值观的规划师是难以直面当前城市内涝、交通拥堵、出行不便、设施不全、空气污浊、水环境质量恶化、邻里关系淡漠、社会矛盾激化等重大现实问题的。城市是个巨系统，面对这个巨系统，首先需要人们建立起"什么是好的"，"什么是应该的"总的看法与观点，它使人的行为带有稳定的倾向性，反映人对客观事物的是非及重要性的评价——这就是价值观。"鬼城"和地方债务危机的出现，归根结底就是长期以来城市规划与建设缺乏正确价值观的后果。时下，"健康与安全，方便与效率，公平与平等，美丽与有序，环境与资源"已成为城乡规划领域急需建立的重要的价值观。令人欣慰的是，一场由城乡规划教育与研究机构引领，各地政府与规划建设部门积极推进的城乡规划与建设转型行动正在神州大地拉开大幕，生态城市、公共城市正由理论逐渐变为现实。以杭州为例，从西湖西进、运河保护、申遗成功到西溪湿地的综合开发与保护，从景区免费、公共自行车到市区免费 WIFI，这样一些公共项目与公共事件很好地体现了杭州城市规划建设中坚守的一些基本价值观，极大地提高了杭州城市的品位与品牌。事实充分表明：价值观决定城市的竞争力！下一轮区域城市之间的竞争，归根结底是城市价值观的竞争。同样，价值观的教育是否到位，将从根本上决定城乡规划院校的竞争力，决定学生的竞争力。可以说，价值观的教育从来没有像今天这样变得如此迫切和重要。

那么，如何培养学生正确的价值观呢？要让学生从以往长期形成的那种"见物不见人"的物质规划设计思维习惯中走出来是不太容易的，这首先取决于我们整个教学理念与教学体系的变革是否到位。浙江工业大学是一所省部共建的以工科为主的综合性地方院校，适应城市化快速发展的社会需求，城乡规划专业于2000年从建筑学中胎生出来，而建筑学又是于1993年从土木工程中胎生出来的，工程技术与形体设计在浙江工业大学城乡规划专业办学教育的初期一直扮演着十分重要的角色。根据形势的发展需要，我们对城乡规划专业人才培养模式进行了逐步调整与改革：第一步，引进充实不同学院与学科结构的具有博士学位的专业人才，优化师资结构——先有人才能办事情。第二步，改革人才培养模式，调整课程结构，优化专业教学体系——系统改革人才生产线。这一时期做的工作主要包括，以每年的"全国高等学校城市规划专业指导委员会"年会作为学习专业办学经验及检验办学效果的窗口平台，深入探索城乡规划专业人才培养模式及其转型之路（2006~2009年）；以校、省级教学改革与人才培养模式改革项目为依托，以专业评估为契机，全面推进城乡规划专业教学体系改革工作（2008~2010年），包括"精"+"通"型城乡规划专业人才培养模式改革研究，以城市社会空间调研为主线全面优化城乡规划专业课程体系，推行文科招生试验等，在保持浙江工业大学传统技能优势的基础上，全面推进素质教育，强化学生的批评能力、独立调查与思考问题的能力，关注学生学习能力的建设与提升，取得了较好的教学效果。第三步，总结、反思与提升（2011年至今），包括教材建设、教学成果申报，教学体系的进一步优化，人才培养基地的建设，等等。比如，承担"以专业评估为导向优化城乡规划专业人才培养模式"省新世纪教改项目，"基于社会空间调查的城市规划专业教学体系优化研究"获得四年一度的校教学成果一等奖，"城市规划的社会学原理与途径"作为校、省重点建设教材，以及校、省级教学团队（包括教坛新秀与教学名师）的培养与打造，等等。

回顾浙江工业大学城乡规划专业近10年来的转型过程，以空间社会调查为核心的专业课程与教学体系改革起了至关重要的作用。我们从2006年开始就开设了城市研究专题课程（Ⅰ、Ⅱ、Ⅲ），重点培养学生参与社会调查的理论、方法、技能与素养，并与其他规划设计类课程紧密穿插。事实证明，这种教学体系与培养方式的改革是有成效的。经过多年的摸索和积累，我们觉得有必要编写一本适合自己内情，同时又能适应外部环境变化的城乡空间社会调查教材。这既是对过往十年转型办学的一次总结，更是对未来专业办学走向的新的探索。

本书是最近几年集体撰写并试用于课堂教学的最新成果，其中，第一章由陈前虎撰写，第二章、第四章第三节、第五章由武前波撰写，第三章由吴一洲撰写，第四章第一、二节由黄初冬撰写，全书由陈前虎、武前波统稿，附录部分为近年来浙江工业大学城乡规划专业学生的获奖社会调查报告。

目　录

第一章

课程概述

　　在开展具体的社会空间调研工作之前，我们有必要事先搞清楚这样一些问题：为什么要设置城乡社会空间调查这门课程？它在城乡规划学科发展及整个教学课程体系中的地位、作用与功能？如何正确理解社会空间调查中的若干核心概念？

第一节　课程背景

　　中国城乡规划和建设面临的问题错综复杂、根深蒂固，其根本要害在于忽视社会问题。经济社会的发展，尤其是新的《城乡规划法》的出台，将城乡规划工作的社会属性提到了前所未有的高度，而城乡规划一级学科的确立更为学科专业发展及教育转型提供了强有力的动力机制、法律保障及可能的现实途径（图1-1）。在深刻理解城乡空间社会调研的基本功能，全面认识城乡规划学科内涵与功能定位的基础上，本节从社会科学研究的视角分析城乡规划教学体系建设需要解决的关键问题，并以社会科学研究为主线，针对性地提出专业教学安排、教学内容与方法改革的思路和建议。

图1-1　城乡规划学成为一级学科

一、城乡规划教育面临的困境

　　当前快速发展的城市化使城乡规划在被社会寄予厚望的同时，却一直背负着沉重的社会压力。"规划滞后"，"规划不如领导一句话"等社会舆论使城乡规划时常陷入角色摆布与价值摆饰的实践尴尬；而"理论不适用，方法不好用，知识不够用"的学科发展困惑则使规划界自身也产生了"城乡规划学科是否是一门科学"的质问与疑虑。我们以为，解释乃至走出这种困局的关键在于深刻理解以下3个背景及其相互关系，并作出积极回应。第一，认真回顾中国城乡规划的历史背景。中国的城乡规划脱胎于计划经济——其基本特征是政府包办一切，成长于转轨经济——其基本特征是地方政府自利，长期以来人们已经认同规划就是对政府计划目标的执行和落实，规划师也总是习惯站在政府的角度去考虑问题，而对"社会主义"的角色定位却少有体会。第二，深刻理解中国城乡规划发展面临的现实背景。当前我国正处于一个"双重转型"（发展阶段转型与体制转型）与"双重滞后"（政府管理滞后与社会管理滞后）的特殊时期，城乡规划面临的问题和困境既有主观原因，更具客观背景。第三，全面正视中国城乡规划的专业教育背景。国内规划专业大都由理工类专业发展而来，受体制环境、改革动力和师资力量的限制，在学科的交叉发展，特别是人文社科类课程的导入方面大都还处在较为初步的阶段（赵民，2004），学生对城乡规划工作的理解基本停留于单纯的技术领域，重形态设计、轻社会调研是当前国内城乡规划院校教与学中的一种普遍倾向。在上述背景下，城乡规划作为一种社会发展控制机制的实际效能远未达到理想状态，具体表现为两方面：一是公共政策属性丧失，当规划每每成为政府各个部门、各个地区争夺利益的工具时，它已无法弥补市场失灵，难以自主应对日趋复杂的社会矛盾与问题；二是可操作性丧失，那些"虚化"的、口号式的战略规划，既缺乏由衷的人文关怀，又缺乏落到"实处"的、有操作性的制度设计（陈秉钊，2004），其结果不是社会抛弃了规划——巨大的社会摩擦成本与交易成本阻止了规划的实施，就是规划作弄了社会——实施的规划制造了更多易于产生社会摩擦与冲突的空间场所。

2008年1月1日实施的新的《城乡规划法》，为城乡规划学科发展走出困境，真正迎来一个明媚的春天提供了强有力的法律保障与可能的现实途径。这部法律最基本的精神就是关注民生，它明确提出城乡规划工作方式要从计划体制下的技术精英垄断规划，转轨时期的政治精英主宰规划，真正走向老百姓的意愿规划；明确提出各级政府要从包办一切和自利行为中走出来，真正为老百姓提供市场无法提供的公共服务；明确提出公共政策性是城乡规划的基本属性，并相应提出了以公共利益为核心价值观、强调公众参与为基本途径的城乡规划工作体系。显然，新法已经将城乡规划工作的社会属性提到了前所未有的高度；相应地，要求城乡规划学科从原来的工程技术理性转向以公共利益为核心的社会问题的关注。对城乡规划教育而言，最为迫切与可能的工作就是在教学安排、课程组织及教学方法的改革中强化社会科学研究。

作为认识城市的基本原理、方法和手段，社会学课程教学的重要性已为各方所认识，但这种认识的高度和深度却极为有限，远远无法适应社会发展的需求及《城乡规划法》的要求，其突出表现就是：虽然最近高等学校城乡规划学科专业指导委员会已经将城市社会学课程列为各院校必须开设的10门核心课程之一（老版只有8门，未含城市社会学），但许多学校因思想观念或受师资力量的限制而没有开设社会学的原理与方法课程；一些开设了社会调查课程的院校也大都处于一种应对全国年度作业评优的被动教学状态，而并没有上升到将其作为提高学生综合素质的手段这样一个教学地位与教学目标上来认识。

二、社会科学研究的重要性

城乡规划为何会陷入"伪科学"的怀疑？如何理解社会科学研究与城乡规划的关系？社会科学发展本身有着怎样的内在规律性？虽然城乡规划学科的社会学拓展早已得到国内

外学者的普遍认同，但今天追问这些问题显然有助于我们减少当前的盲目性，理清学科未来发展的基本思路，并作出应有的调整。

（一）城市问题的根源形式及社会调查研究的基本功能

从制度经济学的观点来看，所有城市问题本质上都是社会问题，而所有社会问题从过程与结果上都可归结于人们在资源利用中的不合作与不公平行为，并通过城市设施的拥挤、空间环境的恶化等形式表现出来。如交通拥堵、环境污染的背后是不同社会阶层或利益集团之间围绕城市资源展开的恶性博弈与争夺。不合作与不公平是由信息不完全所决定的，而信息不完全既受客观条件限制，又受主观因素影响。客观条件是由任何个体接受与处理我们生活的这个社会的无限信息的能力有限性决定的，个体接受和处理信息能力的差异性导致个体之间财富积聚的绝对不公平；而主观因素则指任何个体追求自身利益最大化而不惜采取欺骗、投机、垄断等隐瞒信息或歪曲事实的行为，这些行为导致个体之间人为的不合作及财富积聚的相对不公平。比如，区域层面的重复建设与恶性竞争，社区里愈来愈多的争吵与纠纷，交通拥堵等诸多问题的产生就是由于在没有事前契约的条件下，个体的有限理性及信息不对称使得相互之间都采取不合作的自私行为，结果每个人的"自私"并没有带来"自利"，"恶性竞争"导致"两败俱伤"，个人的理性选择导致了集体的非理性，整个社会陷入了"囚犯困境"，矛盾与问题因而层出不穷。

但如果把"囚犯困境"模型"多次往复"——这一过程大大降低了信息的不对称程度，那么囚犯终究会发现：合作比"自私"更有利；同样地，个体在面对越来越激烈的恶性竞争问题中发现，遵从某种合作规则要比通过投机欺诈或自作聪明地获得少数几次不义之财更有利，此时自下而上式的区域规划与社区规划便会自发地产生。可见，充分的信息是合作得以进行的基本条件，在给定的环境下，每个当事人都必须至少了解到有关当事人的信息和需求，才能够形成一致的行为。据此，我们可以认为，社会调查研究的基本功能就在于：通过各种途径收集信息，反映各方的偏好和可能行为（调查过程）；借助各种方法整合信息，为大家提供需要的共同知识（研究分析过程）。在此基础上，通过在各类群体中进行沟通、对话，对各种不同的价值观、生活方式和文化传统在空间层面上寻求解释，然后将这些内容转化为不同的土地利用形式与空间组织形态，并通过公平原则下的协商与谈判，建构起一个协同的行动纲领（规划设计过程）。

（二）社会调查研究是城乡规划工作的重要组成部分

由此可见，社会调查研究是空间规划设计的前提和基础，是整个城乡规划工作的重要组成部分；忽视这部分工作，空间规划设计过程就成了瞎子摸象，规划方案也难逃"墙上之画"的命运。然而，就如前文所说，长期以来规划师的工作思想与方法已经对技术精英或政治精英的主观判断形成路径依赖，并习惯于从技术角度来定义城乡规划的内容、任务及其作用与功能，而对社会调查研究工作却普遍感到生疏与棘手。如原来的《中华人民共和国城市规划法》与《城市规划原理》教科书指出，城市规划是根据一定时期城市的经济和社会发展目标，确定城市性质、规模和发展方向，合理利用城市土地，协调城市功能布局及进行各项建设的综合部署和全面安排。毋庸置疑，城市规划作为一门应用学科，有其核心功能，即土地与空间资源配置。但是，如果人们忽视城市发展与资源配置过程背后的社会利益关系，以及这种关系对城市规划目标造成的影响，那么，再理想的土地利用与形态设计方案也难逃流产命运。因为这些方案没有说明特定的社会关系环境，也就难以直面现实矛盾与问题；制度环境及其社会关系影响着生产的动力和交易的成本，从而影响空间资源配置的实际状况与利用效率。可以这样认为，随着经济社会的持续发展转型及《城乡规划法》的深入实施，城乡规划的内涵必然会从原来狭义的空间规划设计过程，真正走向广义的社会利益关系协调过程。

（三）城乡规划学科内涵与功能定位

毫无疑问，城乡规划首先应该是一门社会科学，而社会科学有其自身特征与内在规律性。艾尔·巴比（2005）认为，社会科学以逻辑实证为特色，逻辑和观察是社会科学研究的两大支柱。换句话说，社会科学对世界的理解必须"言之成理"，并"符合我们的观察"；相应地，科学研究必须经历两道不可或缺的、密切相关的程序，即资料的收集及其分析推理。其中，资料收集处理的是社会科学的观察层面，目的在于最大可能地反映相关各方的信息；而资料的分析推理则是一个通过归纳和演绎等思考方式，比较逻辑预期和实际观察并寻找可能模式的过程，其目的在于整合信息、为人们提供共同知识，处理的是社会科学的逻辑层面。当然，不同的人可以从不同的视角（范式）与方法——世界观，来观察和理解事物，从而形成不同的社会理论。为此，正确的世界观是科学认识论的重要前提与基础，社会科学研究不能随意地混合进人们对周围事物、对事件成因的臆测，它必须以探究事情真相与原因，寻求和发现社会规律为己任。科学发展观的形成，标志着人们对客观世界的理解与认识开始从单一的经济增长视角及片面的精英思想，转向多维度、多层次的全面考察。

社会理论研究的目的在于提出社会规范。如果说社会科学理论处理的是"是什么（what）"与"为什么（why）"两个问题，那么，社会规范关注的则是"应该如何（should be）"的问题。对城乡规划而言，前期社会调研的目的在于探索社会规律，认识客观世界；后期空间规划设计的任务则在于制定社会规范，改造客观世界。社会科学理论不能建立在价值判断上，而空间规划设计则必须在人们有了判断事物好坏的标准——价值观之后，才能对事件的进一步发展作出预测和引导；价值观受现有制度环境与技术条件的影响制约，空间规划的理论与方法也随制度和技术的时空变迁而不同。《城乡规划法》的出台，标志着中国历经计划经济、转轨经济之后，以公共利益为核心的城乡规划价值观的最终确立，从而使城乡规划终究成为调控社会利益、维护社会公平与和谐的一项重要公共政策。

由此可见，从社会科学视角来看，城乡规划学科内涵应该包含城乡科学与规划哲学两个层次（图1-2），前者从认识论的角度探索社会规律，其基本功能在于整合信息，提供知识，促进人人合作；后者从改造论的视角探讨社会规范，在当前社会背景下，其基本功能在于

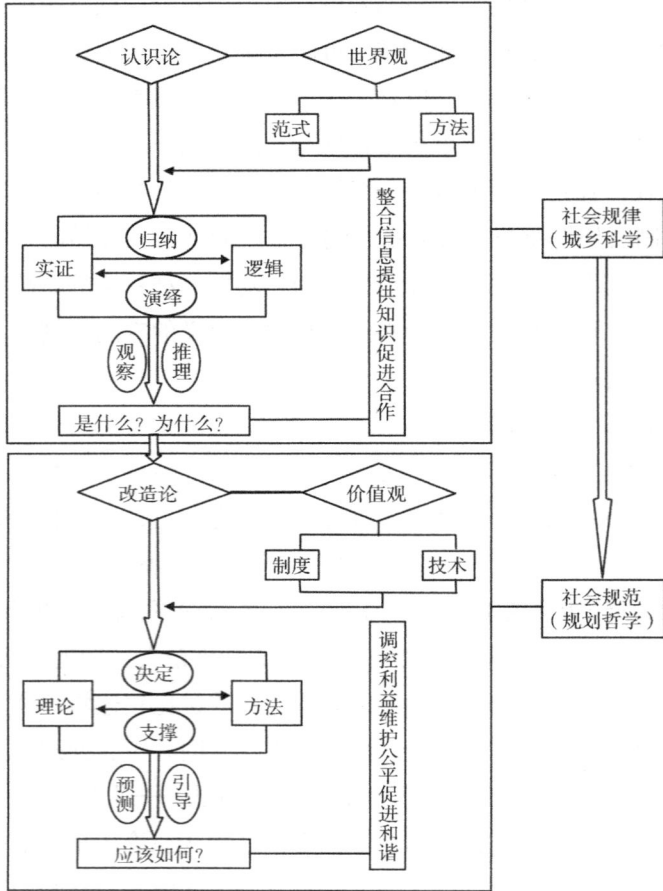

图1-2 城乡规划学科内涵与功能定位

调控利益，维护公平，促进社会和谐。根据这样一个学科内涵与功能定位，城乡规划的专业教育可以相应划分为3个前后继起的阶段性任务与目标：第一步，引导学生用正确的世界观去观察和感知城市与乡村；第二步，培养学生用科学的范式和方法去理解和认识城市与乡村；第三步，训练学生用正确的价值观去引导和改造城市与乡村。

专栏1：社会科学研究与自然科学研究的差异性

（1）自然科学是以自然界物质本身的性质和运动规律为主要研究对象的科学，如物理学、化学、地理学、生命科学、生物学、宇宙天文学，等等；而社会科学则是以人类社会的种种现象和规律为研究对象的科学，如社会学研究人类社会，政治学研究政治、政策和有关的活动，经济学研究资源分配，历史学研究历史等。

（2）自然科学研究者，往往要排斥人为的干涉和影响，认识物质，客观世界的本身。存在决定意识，客观规律决定主观认识无疑是正确的。而社会科学尽管从物质载体的本性上讲是自然的一部分，但是社会科学研究的是与人的思想和行为有关的东西，它时刻都要包含考虑人的行为带来的社会影响，因为人是有选择性和创造性的动物。同样的人，同一时刻，如果作出不同的选择会产生完全不同的行为，带来不同的社会现象。故此，社会科学研究不是简单的客观决定主观过程。

三、教学体系设计的关键问题

根据上述城乡规划学科内涵及其功能定位，目前的城乡规划教学体系建设亟须解决以下3个关键问题：

（1）在教学安排上，如何以社会科学研究的基本程序与规律为导向，确定不同年级的教学重点和目标定位。整体而言，目前的城乡规划主干课程，既可以从思维的发展层次上分为原理、技术方法与应用三类课程，又可以从思维的空间层次上分为与总体规划及详细规划相关的两类课程。在现实教学中，由于缺乏科学的时序安排，前后教学脱节，不同课程组之间互不相干，培养目标不明确等现象大量存在。这里需要解决的关键问题是：如何根据社会科学研究遵循的"观察→推理→预测"，"简单→复杂"这样一个基本的思维发展程序和规律，确定各年级阶段之间不同的教学重点与目标定位，并为之设计相应的教学模式，从而在教学时序上打造一条不同时期教学目标各有侧重，前后教学环节层层递推的城乡规划专业教学链。

（2）在教学内容上，如何围绕社会科学研究的主要任务与目标，整合优化课程体系。在目前的课程组织中，一方面，各个院校都纷纷扩张城乡规划的学科外延，开设了包含经济学、地理学、管理学、林学、信息技术等诸多相关专业的课程，城乡规划教育覆盖的领域空前扩大（陈秉钊，2004）；另一方面，这种简单的"学科交叉"却使学生感到迷茫，使城乡规划完全丧失理论研究的主导地位，形成规划理论的空心化局面（吴志强，2006）。究其原因，一是"放出去，收不回"，学科交叉没能"向空间化回归"（吴志强，2006）；二是忽视人的存在，学科交叉没能形成"核心课程"。比如，在较长时期内，由于专业核心课程中缺乏社会学原理课程，忽视了"人与人关系"对资源配置（城市经济学）、人居环境（城市环境与城市生态学、风景园林规划与设计概论）等城市存在形式的根本性影响，使学生对"城市是什么"、"为什么会是这样"，以及"应该如何"等问题的理解停留于机械的"原理"，僵化的"程序"、"规范"和"指标"，以及单纯的"形态设计"等领域，只见物不见人（赵民，2004），从而难以在城市科学探索与规划哲学的教育中树立起正确的世界观和价值观。这里需要解决的一个关键问题是：如何围绕社会科学研究的主要任务与目标，强化社会科学原理课程，重组整合现有课程体系，明确不同课程组的教学任务与目标重点，从而在教学内容上打造一群课程模块特色明显，不同模块相互联动的城乡规划课程组。

（3）在教学形式上，如何根据社会科学研究的基本方法，系统而针对性地开展课程教学的理念创新与方法革新。传统的城乡规划原理类和方法类课程教学通常都以教师的"满堂灌"为主要形式，但经典理论模型或思想方法的讲授往往会因古今中外时空背景的差异和学生缺乏生活体验而变得枯燥无味；一旦进入高年级的应用类课程设计环节，由于缺乏实证归纳和逻辑演绎等社会科学研究基本方法的训练，以及相应的观察、推理等能力的培养，学生往往在一通走马观花之后，就埋头做起了方案。这里需要解决的关键问题是：如何根据社会科学研究的基本方法，针对各门课程性质，开展教学理念与方法的改革创新，训练培养学生科学认识世界，合理改造世界的方法与能力，从而在教学形式上打造一套不同课程能力培养各有侧重、不同时期方法训练相互支撑的教学方法集。

四、教学体系优化思路

基于以上认识，以社会科学研究为主线，尝试整合优化教学体系。其基本思路如下：

（一）明确目标定位，优化教学时序

根据社会科学研究的思维规律与基本程序，调整一些教学环节及其前后的衔接关系，并将其划分成 3 个相对独立又层层递进的教学阶段与环节，明确每个环节阶段学生思维训练的侧重点与目标，逐步形成一条以社会科学研究为主线的城乡规划专业教学链。

第一阶段，观察与认知城市环节，主要安排在二年级与三年级上学期。要求学生结合城市规划概论、城市生态与环境、城市社会学原理等理论课程的学习，通过浅层次的信息收集方式，如实地观察、拍照、速写等，记录他们看到的城市现象与空间环境，然后在课堂上作一些简单的交流、对比与分析；教师的主要作用是引导学生着重从社会关系的视角来分析各种城市空间现象的背景与机制，不断引导和启发他们的思维：如果社会关系改变，空间格局将会如何改变？这一阶段的教学目标除了要求学生初步掌握信息收集与整合（简单分析与文字表达）能力外，更为重要的是培养学生用正确的世界观来观察与认知城市。

第二阶段，理解和认识城市环节，主要安排在三年级下与四年级上学期。要求学生结合城市规划系统工程学、数理统计学、社会调查研究方法（含城市专题调查实习）、地理信息系统等方法技术类课程，以及城市规划原理、中外城市发展与规划史、城市地理学、城市经济学等原理课程的学习与实践，全面掌握城市研究的程序、方法及相关技术，用原理、方法和技术来武装调研行动，完成一次系统性思维的初步训练。这一阶段的教学目标是培养学生用科学的范式和方法去理解和认识城市，使学生对城市的理解由感性上升到理性，从而达到整合信息、提供知识、发现规律的社会科学研究目的。

第三阶段，引导和改造城市环节，主要安排在四年级下与五年级。要求学生结合城市规划课程设计、城市规划管理与法规、生产实习、毕业设计（论文）等课程环节的实践锻炼，综合运用各种理论知识与技术方法，全面提升发现问题、分析问题与解决问题的综合能力，不断强化思维的系统性训练与职业道德的规范性意识。这一阶段的教学目标是帮助学生深刻理解城市规划的功能与本质，引导学生树立正确的城市规划价值观，使学生顺利完成从理解城市（知识、原理与方法）到改造城市（能力、修养与情操）的发展转型，以及从学校到社会的角色过渡。

（二）重组课程体系，梳理功能关系

对城乡规划的主干课程进行重组（图1-3）。首先，从纵向上，根据上述教学时序安排及阶段性目标定位，按社会科学研究的任务与目标将所有主干课程分为理论类、技术方法类（包括CAD等表达性技术与GIS等分析性技术）与应用类三大课程组，它们分别从宏观上担当着城乡规划教学的三个阶段性任务，以确保总体教学目标的连续性；其中尤其需要加强社会学理论与方法在各自课程大组中的地位和作用。其次，从横向上，根据现实操作需要，按现行城乡规划体系层次将所有主干课程分为总体规划类（又可分为村镇与城市）与详细规划类（又可分为住区规划与城市设计）两大课程组，它们分别从微观上承担着城乡规划教学的两大块内容，以确保总体教学目标的完整性；其中需要突出强调"以人为本"理念和"人文关怀"思想在规划研究与空间设计过程中的重要性。

课程组		二年级		三年级		四年级		五年级	
		上	下	上	下	上	下	上	下
理论类课程	一般理论			社会学理论					
	详规理论								
	总规理论								
技术方法类课程	表达技术								
	方法			社会学方法					
	分析技术								
应用类课程	详规设计								
	总规设计								
	综合实践								
社会科学研究的任务与目标		认识城市——知识积累阶段				改造城市——能力提升阶段			
		科学世界观→		←技术方法掌握阶段→				←正确价值观	

图1-3 城乡规划课程组织与时序安排

（三）创新教学方法，强化能力培养

为了实现上述教学目标及不同教学环节之间的递推联动，必须在教学理念与教学方法上进行改革创新。具体建议措施如下：

（1）全新定位师生角色。对师生角色进行全新定位，突出学生在教学活动中的主体地位，使传统课堂教学，尤其是理论教学中"教师表演，学生观看"的"满堂灌"形式，转变为新的"教师导演、学生表演"的新模式；课堂教学不再是教师的"一言堂"或"一堂言"，而是师生的"同堂共言"。这种新的师生角色定位，能够极大地激发学生自主学习的热情，变被动学习为主动学习。比如，在《中外城市发展史》与《城市规划原理》课程教学中，为了使学生更好地理解和消化书本知识，尽快做到"古为今用、洋为中用、活学活用"的目的，针对前者布置一个城市发展的历史调查作业，针对后者布置一个熟悉地块的规划案例分析任务，每次上课按学号由 2 名学生汇报并组织课堂讨论、点评。这样的教学形式在提高学生课程参与程度，放大知识效应的同时，也推动了理论课、方法课与应用课等不同课程组之间的衔接联动，从而大幅度改善理论课程的教学效果。

（2）重新理解教学关系。基于城乡规划学科的社会性，城市理论与规划理论都呈现出动态发展特征，要求教师不断更新教学课件的思想与内容，体现与时俱进的教学原则。做到这一点，仅靠教师一方是非常困难的，需要师生共同努力。为此，应该建立起"以教诱学，以学促教，教学相长"的教学互动机制，改变原来"教师单向知识传输"的教学关系，形成师生之间"你来我往"的教学局面。比如，这几年来我校学生结合相关课程完成的关于写字楼、中低收入阶层住宅、居民出行成本与城市交通等问题的调研报告，不仅在"挑战杯"等国家与省级学生课外科技竞赛中屡屡获奖，而且也成为本市规划局来年重大招标研究课题的立项基础；更为重要的是，对学生科研成果的良好预期，反过来激发了教师的教学热情与教研投入，从而推动教学关系走上相互激荡的良性发展轨道。

（3）创新教学形式与考核机制。针对社会研究特点，一方面，我们在教学实践中构建了一套由课堂教学、现场教学、网络教学以及跨课程组、跨学科等多层面、多样化架构的教学形式体系；另一方面，改变了原来以课程主讲教师与期末考试成绩或最后设计作品为主的考核模式，形成以平时成绩为主、以其他课程组教师考核或学生内部自评为主导的考核机制与考核方式。这么做的总的目的就如福里斯特（Forester，1989）所认为的那样，在引导学生建立正确的世界观与价值观，充分认识规划专业知识教育的多学科性的基础上，进一步改革规划专业传统的灌注式教学方法，优化规划专业的教学理念，培养学生更多地以排解困难者、调解斡旋者、解释者和综合协调者的身份参与社会研究与规划决策，使学生对规划过程的理解从单纯的技术领域转向对社会问题本质与原因的探寻，转向更多关注为各社会群体面对制度变化和社会环境的挑战提供功能性支撑。

五、小结

以社会科学研究为主线整合优化城乡规划教学体系，不仅是城乡规划学科本身的特点使然，也是整个城乡规划行业应对我国当前经济社会快速转型的有效途径，《城乡规划法》的出台实施反映了这种发展趋势的必然性。在此过程中，我们既"不能继续走中国'黑箱式'设计的老路"（梁鹤年，1995），以摆脱当前学科发展的困惑；也应该避免走西方"城市研究"的歪路，以防止"学科核心理论的空洞化"（吴志强，2005）。我们已有的教学实践表明，在巩固"空间设计阵地"的基础上，加强社会学理论、方法及其实践在城乡规划教学体系中的地位和作用，可以帮助我们找到一条城乡规划教育转型的捷径。

第二节　课程概念

在明确了社会学课程（理论、方法及其实践）在整个城乡规划教学体系中的地位与作用之后，有必要首先搞清楚课程中的几个核心概念。

一、社会的含义及其特征

从字面理解，"社会"是"社（组织，名词）"与"会（交流，动词）"的集合，意指人类相互有机联系，互利合作形成的组织性群体。这个群体占据一定的空间，具有自身独特的文化和风俗习惯。在西方，英语 society 和法语 socit 均源于拉丁语 socius 一词，意为伙伴。"社会"在古汉语中，基本上是一个抽象名词，特指每年春秋两季乡村学塾举行的祭祀土地神的集会。《辞海》上举《东京梦华录·秋社》中的一段话来说明这个词："八月秋社……市学先生预敛诸生钱作社会，以致雇倩祗应、白席、歌唱之人。归时各携花篮、果实、食物、社糕而散。春社、重午、重九，亦是如此。"但这个词传入日本后，渐渐别有所指。据日本学者铃木修次考证，在江户末期，日本学者将"society"一词译为汉字"社会"，并将以教会为中心的教团、教派称作"社会"，近代中国学者在翻译日本社会学著作时，袭用此词，中文的"社会"一词在一定程度上才具有现代通用的含义了。

社会的特征主要有：①是有文化、有组织的系统。是由人群组成一定的文化模式组织起来的。②生产活动是一切社会活动的基础，任何一个社会都必须进行生产。③任何特定的历史时期，都是人类共同生活的最大社会群体。④具体社会有明确的区域界限，存在于一定空间范围之内。⑤有连续性和非连续性。任何一个具体社会都是从前人继承下来的一份遗产；同时，又和周围的社会发生横向联系，具有自己的特点，表现出明显的非连续性。⑥有一套自我调节的机制，是一个具有主动性、创造性和改造能力的"活的有机体"，能够主动地调整自身与环境的关系，创造自身生存与发展的条件。

马克思主义认为社会在本质上是生产关系的总和，只有具体的社会，没有抽象的社会。具体的社会是指处于特定区域和时期、享有共同文化并以物质生产活动为基础，按照一定的行为规范相互联系而结成的有机总体。构成社会的基本要素是自然环境、人口和文化，它们通过生产关系派生了各种社会关系，构成社会，并在一定的行为规范控制下从事活动，使社会得以正常运转和延续发展。

专栏 2：人类社会与一般人群的区别

（1）社会各成员之间联系是必然的紧密的；

（2）社会具有较复杂的组织结构；

（3）社会具有相对集中统一的价值取向、文化特征并得到成员的基本认同；

（4）社会中有比较健全的生存和生产的职能和分工，具有对环境的适存度。

二、社会空间概念及辨析

社会空间概念是城市社会地理和人文地理研究中最有影响力的一个分析概念，最初由列斐伏尔提出，后又经过哈维、苏贾和迪尔等人的不断阐释和演绎。在日常教学和通常的城市文献中经常将"社会空间"与"公共空间"、"场所建构"等概念混用，缺少必要的辨析和区分。那么，如何准确把握"社会空间"的要义？国内学者于海（2008）从"空间的社会性和社会的空间性"较好地概括了列斐伏尔社会空间理论的要义，值得借鉴[①]。

（一）空间的社会性

包含以下 2 层意思：第一，空间是社会的产物，"任何一个社会，从而任何一种生产方式，都会生产出它自身的空间"。古代世界的城邦不能只是理解为人群和事件的集合，它有它自己的空间实践，因而会建构其自身的适用空间，有其特定的中心，如市民集会辩论的集市、神庙和竞技场等；同样，从定期的集市到马路市场、专业市场，再到会展中心，乃至适应网购形态的各种物流快递中心的出现，都是人类社会不断适应和重构空间的结果。既然每一种生产方式都有自身的独特空间，从一种生产方式转到另一种生产方式就必然伴随着新空间的生产。比如，从杭州的下沙新城到江东新城，空间形态和组织方式截然不同，这种不同的背后反映杭州经济社会结构及其生产方式的变迁。那么，在这个过程中，人与社会空间的关系是怎样的？"人与社会空间的关系，不是人面对一幅画，观看一出戏，或立于一面镜子前的那些关系，他们知道他们有一个空间，他们置身于空间中。他们行动，作为一个积极的参与者而置身于空间中"，概言之，空间的生产深入生产关系，也卷入人的行动。第二，空间是社会的力量资源。空间本身并非一种社会力量，而是如哈维所说，"对空间的控制是日常生活中一种根本的和普遍的社会的力量资源"。列斐伏尔在《空间的生产》第五章"矛盾的空间"的结论部分，概括了社会空间的 6 个要点，其中 4 点都关乎社会空间之为社会力量资源的性质：①社会空间作为一种生产力发挥作用，这一角色原先是由自然扮演的，如今被社会空间所取代；②社会空间被当作一种商品而在旅游和闲暇活动中被直接消费，或在都市地区，如同工厂里的原料和机器，作为一种整体的空间在生产中被消费（快速城市化进程意味着我们已经进入了一个大规模的空间生产与空间消费阶段）；

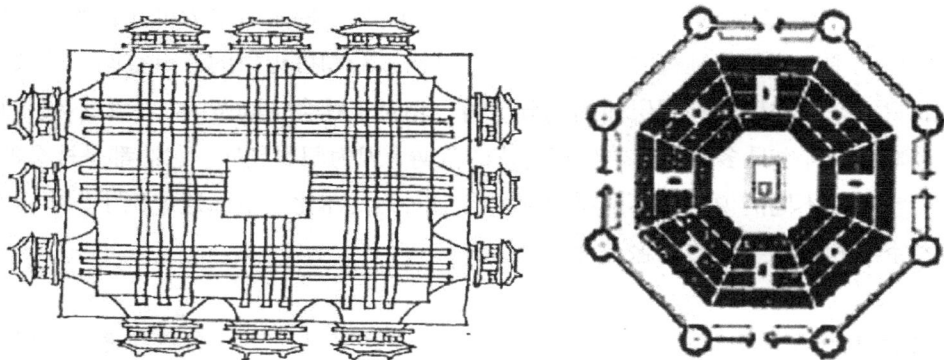

图1-4　中西方古代营城思想与手法

③社会空间还是一种政治工具，国家利用空间以确保对社会的控制[①]；④社会空间也是符号和意义的系统，它看上去是中性的、无价值倾向的、意义贫乏的和虚空的，它掩盖而非揭示真相，这样社会空间也成为意识形态的力量[②]。

（二）社会的空间性

即"社会如何存在的？"社会的空间性，实在地说，一切社会关系、力量和过程，都有空间性的存在，都有空间化的表现，生产关系、财产关系借土地所有、空间占有、场所秩序而存在并得以维系。福柯更直接将空间视为权力的容器，"全部历史是空间撰写的历史，同时也是权力的历史：从地缘政治的大战略，到居住的小策略，从机构的建筑如教室，到医院的设计，无不贯彻经济和政治的设置"。列斐伏尔认为，"社会空间就是社会存在的物化"，"空间就其本身也许是原始赐予的，但空间的组织和意义却是社会变化、社会转型和社会经验的产物"。中国古代都城空间营建思想中最基本的几何元素是"十"字线加方块，而西方则是放射线加圆（图1-4）。前者通过方正、中轴对称的形态主义手法，塑造了一种威严的社会场景，在当时符合礼制、等级化的社会秩序与文化，满足了统治阶级"威慑"百姓的需要，在今天则给人以强烈的宏伟、秩序、稳定、平衡的心理效应；而后者则通过增强中心可达性（围绕城市中心组织放射道路、圆形道路），提升公共空间开放性（城市中心布置教堂、议会、广场等公共建筑）的手段，塑造一种民主、平等与开放的社会场景。

总而言之，社会空间的存在绝不是一个自然的给定的存在，它是社会的产物，具体说，它是社会生产方式和生产关系生产的（物质性的空间实践），它是符号生产的（观念的空

①　列菲弗尔认为，"空间是政治的，排除了意识形态和政治，空间就不是科学的对象，空间从来就是政治的和策略的。……空间的生产类似于任何种类的商品生产。"社会精英和地方政府利用空间来构筑区域互动的功能性网络，利用空间的断裂阻隔稀有资源的外泄。他们形成自己的封闭空间来创造神秘感和社会距离，形成消费空间的排斥性壁垒，从而维持阶层的地位和利益。

②　空间作为意识形态的支配力有诸多表现：维持城市表面的繁荣，塑造城市新形象，忽视作为落后、野蛮、犯罪发源地的"不可见空间"；引导和营造中产阶级的生活方式，强调自由、安全、宁静等都市贵族式的生活品质；利用空间规划和住房政策实施种族歧视和社会排斥，阻碍弱势群体的空间流动等。种族主义、居住隔离和城市规划中的歧视性政策是贫困人口聚居的主要原因。

间），它也是人的想象和意义构建的（生活的空间），列斐伏尔名之为可知觉的、可构思的和可生活的三重空间，哈维视之为可经验的、可构思的和可想象的三重空间。公共空间或私人空间只是空间占用和利用层面的划分范畴，相对于社会空间范畴，它们不仅是从属的次级的范畴，而且也是多少不需要特别对待的范畴，因为归根到底，它们都是社会的产物，都是社会空间的不同的说法或不同层面上社会空间的具体化。下面这个例子，可以帮助我们对社会空间和公共空间的概念进行一个辨析。

专栏3：我住在杭州运河广场附近，常去那里或运河边散步，或早或晚，见识了这里发生的许多生活场景。在不同时间走过其中的同一块场地，我的感受十分不同。早上，喜爱早起的人们在这里锻炼，他们或独自一人沿着运河边慢跑——以年轻人为主，或三五成群在广场上打太极——以中老年为主；上午，这里成了老年人的生活天堂，他们或聊天，或打趣，或唱戏，或下棋，谁昨天不小心摔了一跤走了，谁的小孩离婚了，谁跟谁不开心了，等等，聊不完的话题。这里有合作，有关切，有争论，有批评，有互相的技术切磋，当然也有矛盾，团队内的不合，或与外来人的不和。下午，通常没有人，即使有人也不多，这里的广场很大，最适合放风筝，所以来玩的人通常也是放风筝，如果有不止一个的放飞者，从来是你放你的我放我的，彼此没有交流，也不大会有纠纷，因为场地足够大，谁都可以从容地找到一块不与他人发生遭遇的空间，即使难得有一次线的纠缠或其他怎样的遭遇，也都是客客气气地各自努力，很快又都回到了自己的活动世界里。到了晚上，这里不仅热闹，而且内容丰富，男女老少，人际间的大部分故事这里都有：女人们跳舞，小孩们轮滑，大男人们也不甘寂寞，玩起了空竹；这边一堆比起了街舞，那边一群切磋起了书法，还有角落上正在赛歌。互动、合作、冲突、评价、信息交流，某种不大不小的不合，以及结合、分离、亲密、承认、尊重的满足等等，举凡社会的一切，这里都有。但到周末和周日，来广场玩的人多起来，有放风筝的，有孩子踢球的，也有席地而坐一起边吃东西边玩的年轻人，但情况大体也是各玩各的，彼此没有如一个团队的成员那样的人际互动。

需要探究的问题是：同一块场地，什么也没有变，为何在不同的时间，却有如此不同的活动方式？其中决定性的或关键的因素到底是什么？现在我们已经可以明确地提出公共空间与社会空间的辨析问题了。从上面的例子，可以提出如下观点：

（1）虽然社会空间大体都同时也是公共空间，但公共空间却不能自动地也是社会空间。单纯的公共空间的含义，主要是指它的物理的无障碍，物质便利的无对象性，空间使用的非排他性。政治学对公共空间会强调其开放性、公共性和平等性，城市社会学还会提出"可达性"。一个从交通上、从社会心理上不可达的空间，即便是开放的，也是无意义的。如家住城南的居民，就不能每天来运河广场，距离太远，不可能在日常生活方式的意义上是可达的；而上海市中心的"新天地"，没有有形的樊篱，但却有无形的社会区隔，普通居民，包括曾祖辈住在那里，后来被动迁的居民，都很少光顾，他们多半认为脱胎换骨的里弄，已经不是他们能去的地方。西方学者基于人文主义、社会交往、公民权利等，关注城市公共空间，他们在感叹公共空间的衰败，如何带来公民精神的衰退，带来中心城区社会生活的萎缩，社会交往的式微，甚至影响社区感的丧失。他们中的一些人，力图从公共空间发展出培育社区归属的社会空间，这是不错的。公共空间无疑有助于公共生活，也为社会互动创造条件，但不会自动地促成社会互动，闹市街头、火车站前的广场、主题公园或周末下午公园的公共活动区域等，都是典型的公共空间，但却都很难发展出有深度的持续的社会互动，从而很难发展出列斐伏尔第三重意义上的社会空间。

（2）公共空间谁都可以来，但只有发生了某种稳定的人际互动，结成了稳定的交往关系，发生了团体的活动，集体的决策，对这个地方赋予了意义，产生了地方感、团体感，发生了如其他社会场合的合作、分离、冲突、和解、动员、利益竞争、福利创造等社会活动，我们才可说这是社会空间。

（3）如果空间使用者的意义建构和社会互动在时间上是持续的不间断的（对比公园的晨练者只在早上的2~3个小时在一个特定的场所互动），如此意义上的社会空间，就是现象学的地理学家雷尔夫所说的地方感或确实的地方（authentic place）。他说，社会与地方之间有很强的联系，它们互相强化对彼此的认同，所以"人民是其地方，并且地方是其人民"。雷尔夫发现，这种与地方的联系是人类的一种重要需要："扎根于地方就是拥有一个面向世界的牢固基点，就是把握一个人在事物秩序中自己的位置，就是对特定地方的精神上和心理上的深深依恋"，雷尔夫认为这种地方感涉及的核心问题是"确实的、可信的、深层的"地方，与此对立的当然是无地方性（placelessness）和不确实的地方。我承认，当我下午经过那片空旷的广场时，无法令我有社会空间的联想，也没有确实的地方感。

正如吉登斯（Giddens）所指出的，大多数社会生活发生在时空消隐的情境之中。作为一个规划师来说，对于任一尺度的城市空间，必须从活动场所和社会互动发生其间的社会空间两个方面加以审视。物理空间容纳物品和人并提供社会互动的场所，由此可推知，空间的使用不能从物品和物理环境中分离出来。然而空间的功能仅仅是作为场境，而不是社会互动的决定者，并且空间本身在某种程度上也是一种社会建构。接下来我们需要考察的是：空间场境如何塑造居民（消费者）的行为和社会关系；居民（消费者）又如何把消费场所转化为他们自己的空间。

专栏4：长期以来，人们都将饮食消费看作纯粹的经济行为，将快餐店仅仅看作吃饭的地方。那么，为什么肯德基、麦当劳和星巴克进入中国后能深受大众——尤其是年轻人的喜爱？其程度远远超过了中国传统小吃？对这一现象更为完整的理解需要留心考察消费的社会场境——参与者和社会背景。因为"消费品的具体属性固然重要，但仅凭它自身却不能解释为什么这样的物品难以抗拒"。里克·凡塔西亚 (Rick Fantasia) 对法国快餐业的研究表明，因为麦当劳代表着异国情调而吸引了许多法国年轻人，他们想要体验一种不同的社会空间——一个"美国化的地方"。为什么大多数中国人都不喜欢洋快餐（垃圾食品），但却仍热心光顾西式快餐厅？多数人回答说他们喜欢那里的氛围、食用的方式以及身在其中的体验。根据一份早期的有关肯德基的报道，消费者不是到肯德基餐厅去吃炸鸡块而是去享受肯德基式的消费文化。大多数顾客花几个小时的时间在里面聊天，透过大玻璃窗观赏外面繁忙的商业街市——感觉自己比匆匆而过的路人更有品位。一些当地的观察者认为，由于中式烹调的吸引力在于食物的口味，而西式快餐则依赖进餐方式。所以，看起来消费者对这种由新的食用方式带来的场境颇有兴趣。换句话说，中国消费者在西式快餐厅找到的满足感不是源于食物而是在于体验。

　　肯德基、麦当劳和星巴克及其他西式快餐连锁店所携带的文化象征意义，显然在建构这种不可食用但却使人满足的体验中起了重要作用。西式快餐厅高效的服务管理，新鲜的食物，友好的服务，一尘不染的就餐环境总是被人们津津乐道。内部空间的所有细节对于弄清肯德基、麦当劳和星巴克为什么获得成功都很重要。物品可以影响使用它们的人，就像舞台的布景形塑演员的行为。彼得·斯蒂芬森 (Peter Stephenson) 很好地讲述了麦当劳餐厅内的空间情景对人们行为的影响。他观察到有些荷兰消费者在那种"文化情境转换"的地方失却了他们的文化自我——"迈过那道门，顿时就有一种移民感，荷兰的规则显然不起作用了"。里克·凡塔西亚发现法国的消费者在巴黎的麦当劳餐厅，也经历了同样的变化行为调适过程。假定中美之间的文化差异更加显著，那么可以推论，在中国的麦当劳和肯德基餐厅，"文化情境转换"现象更为强烈。有趣的是，由于麦当劳和肯德基所展示的现代化和美国化的强大魅力，当体验到当下瞬间的移民感时，中国的消费者看起来比鹿特丹和巴黎的消费者更愿意遵循美国快餐厅的规则。例如，时光倒退回 20 世纪 90 年代，当时的人们通常把垃圾留在桌上让餐厅服务员收拾，人们觉得麦当劳是正式餐馆，自己已为全方位的服务掏了腰包。但是，今天，调查发现大约 40% 的消费者，其中很多是穿着时髦的年轻人，自己端托盘去清倒食物垃圾。在随后的访谈中，发觉这部分人当中多数是常客。他们通过观察国外顾客的行为也学会了自己清理桌面。有几个被访者说，当他们处理完垃圾的时候就会觉得自己比其他消费者更文明，因为他们知道什么样的行为更恰当。

　　观察比较消费者在麦当劳和在比较高档的、价格比麦当劳高的中式饭店中的行为，发现在麦当劳，人们总体上更加自我克制，对他人更有礼貌，说话声音更低，更注意不把垃圾弄到地面上去。令人遗憾的是，当他们回到中式饭店的情境中，他们也就恢复了往日的行为方式。其结果是，在西式快餐厅里的整体气氛总是比在中式餐馆包括那些高档饭店里要好。

　　——阎云翔.汉堡包与社会空间，北京的麦当劳消费 [M]// 戴慧思，卢汉龙译著.中国

城市的消费革命.上海：上海社会科学院出版社，2003

三、社会分层与空间分异

"物以类聚，人以群分"。随着城市经济结构与消费结构的转型，城市中同一阶层的人们在居住和活动空间上日益体现出同质性，具有特定特征和文化的人群聚居、活动在不同的空间范围内，整个城市形成一种居住和生活活动分化甚至相互隔离的状况，这一现象称之为"社会空间分异"。文化生态学认为，情感、价值和理想对社会体系的空间定位具有明显作用。文化价值与空间的关系是一种象征关系，空间的特性不是其自然性，而是源自空间的某一文化体系的象征性。因此，共享同一价值观的社会体系会产生空间认同，趋向于保持该处的土地利用方式。

空间分异体现各阶层社会地位、经济收入、权力资源、文化价值的差异程度，同时也反映出政府和社会对待贫困人口、少数民族、外来移民的基本态度和政策安排。空间不仅是一个物质产物，而且是相关于其他物质产物而牵涉于历史决定的社会关系中，这些社会关系赋予空间以形式、功能和意义。西方学者很早就注意到城市空间在建构社区文化、形成群体意识、影响资源分配、阻断阶层交流、塑造支配权力等方面所具有的社会意义，并从多个方面揭示出空间分异的内在实质。那么，空间分异是如何形成的呢？总结已有研究（陈云，2008；朱静，2011），可归结为以下两种动力视角：

（1）基于结构视角的被动性隔离与分异。倾向于把空间分异归因于外部作用力，包括制度变迁、公共政策的排斥以及经济产业结构的重组等因素，认为空间分异是非自愿性隔离的产物。典型的例子就是大量居住外来民工的城中村。其实，关于居住空间分异，人们总是首先把注意力放在收入水平上，因为收入的高低制约着人们进入哪一类住房市场。在社会分工程度高度发达的今天，收入取决于职业资格以及人们在组织中占有的地位和从事的业务。职业的稳定性是在生产系统和社会分层体系中，政治—意识形态整合的结果，一个人能得到什么类型的住房依据他们被社会整合的程度。但是，社会关系与地理空间的高度结合为各阶层的社会接受度设置了不同标准，劳动力市场的空间错位、城市公共空间的私有化程度、支配性权力的利益追逐和歧视性制度的主动排斥都在结构层面上削减了弱势群体进入住房市场的机会和能力。较富裕者会住在环境清静宽敞、设施现代的郊区，贫困者因交通费和楼价的昂贵只能留在城市中心附近破旧拥挤的贫民区。这一结果的出现是城市公共空间私有化和支配性权力追逐利益的产物。社会精英和地方政府利用空间来构筑区域互动的功能性网络，利用空间的断裂阻隔稀有资源的外泄。他们形成自己的封闭空间来创造神秘感和社会距离，形成消费空间的排斥性壁垒，从而维持阶层的地位和利益。结构性动力的实际影响是为地域空间分异和社会空间极化提供了一个连续不断的生产与再生产过程。居住空间和社会地位的区别保持了时间上的持久性。占据中心地位的人确立了对资源的控制权，维持了与边缘区域人群的分化。因此，空间的分异导致了各阶层社会距离的扩大。空间隔离在阻止交往上具有十分重要的社会学意义。

（2）基于文化视角的主动性隔离与分异。空间分异的文化动力的研究最早始于帕克。帕克认为，一个种族和群体与其他种族和群体之间的文化现象及融合和混合现象具有密切关系。文化的残留意味着彼此适应和融合的不成功。保留一定文化残留的种族就像一块文化的飞地，一个孤立的种族孤岛。群体之间的文化差异和物理空间结构一样真实有效，而且能够形成并强化这种空间障碍。各地遍布的温州村就是文化动力作为主动性隔离机制的集中表现。社会弱势群体和精英阶层都会进行主动性隔离，并逐渐形成内卷化和排外性。内卷化最早是由美国人类学家戈登威泽提出来的。尽管不同学者对内卷化有不尽相同的解读，但基本上都保留着这个概念的核心含义，即在外部扩张和变化被锁定和约束的情况下转向内部的精细化发展过程。该过程主要表现为各阶层群体认同的内卷化和城市生活的隔离化，他们只生活在自己的圈子中和有限的空间里，在生活和社会交往上与城市居民和城市社会没有联系，更不能分享日趋丰富的城市公共生活。内卷化的后果是各利益群体在心理和空间上自我凝聚，对外实施排斥和抗拒。内卷化过程首先会形成群体亚文化和内群体认同。一般而言，有共同语言和文化的群体有共同的需要，面临共同的问题，群体成员生活在一起就能更好地满足大家的需要，处理共同的问题，并逐渐形成群体亚文化圈。这一文化圈能对年轻一代进行群体的语言、文化、生活方式的社会化，从而保证群体亚文化能一代一代地传承下去。蒂姆斯（Timms）认为，个体的认同与他的互动对象密切相关，个体的同辈群体提供了他行为演化过程最重要的参照点。然而，个体的公众认同以及他的阶级归属感是由与他经常互动的群体的特性决定的。希望互动的人们愿意成为近邻，对于不希望与之互动的人群，则敬而远之，最好是远远地分开居住，将彼此见面的机会减少至最小。群体亚文化的发展必然追求特定的空间占有方式。法国社会学家雄巴尔德洛韦（Paul-Henry Chombart de Lauwe）指出："所有的社会团体都有占有居住地和城市的独特方式。例如，在工人阶层中间，关系网在地理分布上就远不像中上层那么分散。一般而言，后者对城市空间的使用更加多样和广泛。除了居住环境的不同，社会归属以强有力的方式规定了家庭空间的布置、人际关系、日常出行和都市生活。"

吉登斯提出过社会排斥的两种类型：一种是社会上层人士的自愿排斥，就是所谓的"精英反叛"，富人群体选择离群索居，从公共机构中抽身出来；另一种是对社会底层民众的排斥，将他们排除在社会提供的主流机会之外。显然，前者反映了精英群体内卷化的趋向，后者只体现了弱势群体遭受的结构性障碍，却忽视了社会底层对主流社会的排斥与反叛可能更为顽固这一事实。以贫困文化为例，贫困文化一旦形成，就会趋向于永恒。有些西方学者认为种族不平等将永远存在下去的理由之一即为黑人父母继承下来的贫困，会以物质资源和教育机会更少的形式传递给他们的子女。刘易斯指出："棚户区的孩子，到6~7岁时，通常已经吸收贫困亚文化的基本态度和价值观念。因此，他们在心理上不准备接受那些可能改变他们生活的种种变迁的条件或改善的机会。"班费尔德也提出了与"贫困文化"相对的"非道德性家庭主义"的概念，认为"穷人基本不能依靠自己的力量去利用机会摆脱贫困之命运，因为他们早已内化了那些与大社会格格不入的一整套价值观念"。由此可见，空间分异的文化心理机制就在于各阶层群体乐于利用空间的隔断来维持自身的利益、价值观念或生活方式。空间隔离不仅是外部结构力强加的结果，也是各地位群体自愿选择的结果。

四、小结

改革开放以来，在市场化背景下，中国的公共生活已经发生了显著变化：国家（通过其代理人）在其中扮演中心角色的频繁的群众集会、义务劳动、集体活动和其他形式的组织化社会日渐消失，取而代之的是公共场所的各种新型的私人集会。组织化社会强调国家、意识形态的中心地位，个人要服从于集体；而新型社会提倡个性以及在非正式的社会空间情境中的个人需求。相应地，公共生活和社交的中心已经从国家控制的大公共空间（如城市广场、礼堂、工人俱乐部）转到了像舞厅、保龄球馆之类更小的、商业化的场所，甚至是依靠广播的参与节目所营造的想象性空间。

与此同时，在全球化背景下，当前中国的城市社会空间正经历着复杂而深刻的变化，空间分异现象已经在多种地域尺度上存在。可以说，只要有阶层分化和群体差别，空间分异就不可避免。毋庸置疑，新的城市马赛克（mosaic）正在形成，单体均质而整体异质的社区空间正日益成为中国城市的典型特征。它反映着不同社会群体对城市空间资源和社会资源的占有状况，与该群体的社会经济地位密切相关。尽管同质的社会空间可以促成相同生活方式的人员的交流，信息的可达性和内部人群的相互理解，但是相对分异的同质性社会空间同样会造成阶层的隔离，信息的分离，心理落差乃至社会疾病的集中传染蔓延，以社会人为单元的阶层化社区、阶层化空间在中国城市出现。

空间分异的结构动力和文化动力分析可以为建设和谐社会、促进各阶层、增强沟通与理解提供一种独特的思路。中国的城市建设、住宅建设和分配，除了思考如何从政策制度层面予以改进，缓解住房不平等，还应当尝试在空间隔离的消解方面作出努力。对空间隔离的消解强调对贫困社区、落后城区的追加建设和改造，通过改善社区居住环境，提高公共服务水平，增加更多的商业、娱乐、交通和健康设施，进而提高中底层居民，尤其是底层居民的生活质量，缩小落后社区与高档社区的差距。在城市规划方面可以突出交往型规划的理念，降低公共活动空间的选择效应，让各阶层的人们能够在"生活世界"、"公共圈"中互相沟通、理解、适应。此外还要从文化心理的角度进行开放型社区文化建设，开展邻里复兴运动和"手拉手"的社区协作运动等。城市空间分异是不可避免的，但是可以缓解的，一个和谐、统一、平等、互助的城市才是人类理想的家园。规划中如何既保证居住区的安全性，又要体现住宅区的社会功能，就应该成为检讨的要点。另一方面，对公共空间，公共设施特别是开放空间等，不仅功能上需要合理布局，而且需要评价其对于周围社区特别是弱势群体社区发展的潜在影响和作用。对于明显存在弱势群体集聚的社区，需要制定针对性的发展战略，在现有规划框架内，对弱势群体社区制定可行有效的改造规划，打破同质贫困聚居的格局。新的时代迫切需要人们扩展视野，研究城市规划对于空间配置的社会功能，突破空间对人际互动和资源分配所造成的障碍。

第二章

研究建构

在理解了城市社会空间的一般意义之后，我们开始进入调查研究的具体建构，首先要明晰如何来设计一项研究计划，其步骤流程究竟包括哪些内容，我们又该如何沿着各个环节逐步开展？

（1）选题，可以认为我们选择一项社会调查研究很大程度上是基于自身的兴趣，由此产生对社会现象或问题深层次解释的想法，这就是社会理论形成的最初动因，所以，在选题阶段一定要清楚开展该项社会调查研究的目的所在。

（2）概念化，一旦研究选题确定之后，我们就要针对该项研究的预期目的或结论，厘清与研究相关的所有概念，并找到本研究主题的核心概念或提炼出自身的概念。

（3）操作化，针对上述定性概念，我们有必要从科学实证研究的角度，通过选择或设计一些变量来进行表达，同时，要确定好计划采用的社会调查方式和方法，前者如典型调查、个案调查、抽样调查等，后者如观察、访谈、问卷等，从而获取相关变量的具体数据。

（4）资料收集，无论采用哪些调查方法，我们的重要目的是为了收集用于分析和解释的相关资料。

（5）资料处理，经过收集资料之后，我们将所有相关资料进行取舍，并转化为适于分析和处理的表达形式。

（6）分析与应用，我们要依据所获得的资料，提出结论以验证调查之

初的兴趣、想法和理论，并提出解决研究中所涉及的社会现象或问题的针对性
建议（图 2-1）。

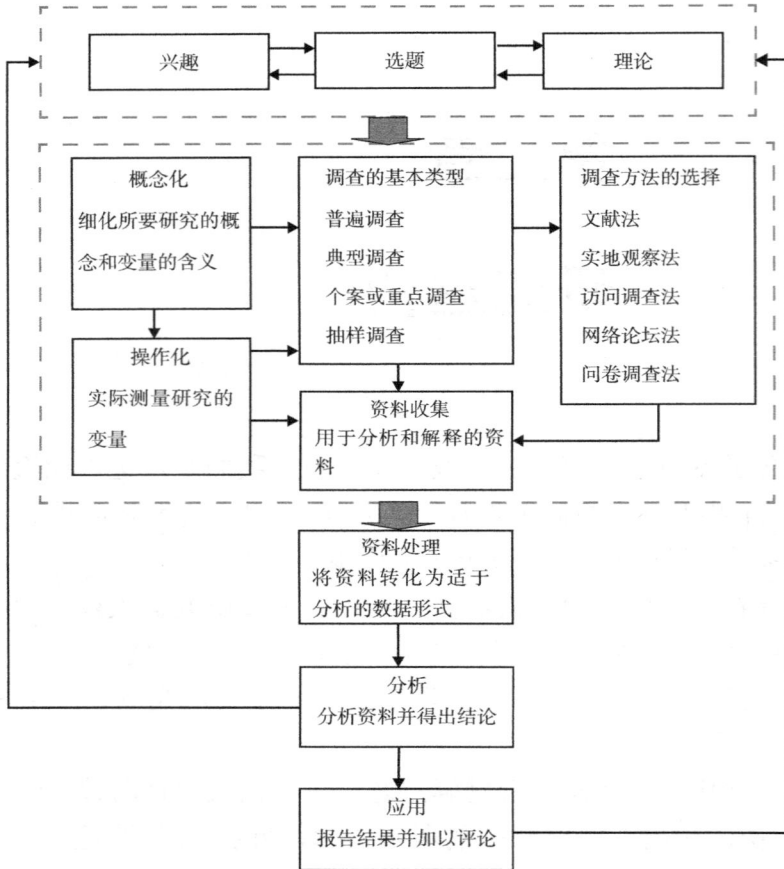

```
┌─────────────────────────────────────────────────────────┐
│  ┌──────────┐    ┌──────────┐    ┌──────────┐            │
│  │   兴趣   │ →  │   选题   │ ←→ │   理论   │            │
│  └──────────┘ ←  └──────────┘    └──────────┘            │
└─────────────────────────────────────────────────────────┘

┌─────────────────────────────────────────────────────────┐
│ ┌────────────┐  ┌────────────┐  ┌────────────┐           │
│ │   概念化   │  │ 调查的基本 │  │ 调查方法的 │           │
│ │ 细化所要研 │→ │   类型     │→ │   选择     │           │
│ │ 究的概念和 │  │ 普遍调查   │  │ 文献法     │           │
│ │ 变量的含义 │  │ 典型调查   │  │ 实地观察法 │           │
│ └────────────┘  │ 个案或重点 │  │ 访问调查法 │           │
│       ↓         │   调查     │  │ 网络论坛法 │           │
│ ┌────────────┐  │ 抽样调查   │  │ 问卷调查法 │           │
│ │   操作化   │→ └────────────┘  └────────────┘           │
│ │ 实际测量研 │        ↓              │                    │
│ │ 究的变量   │→ ┌────────────┐ ←────┘                    │
│ └────────────┘  │  资料收集  │                           │
│                 │ 用于分析和 │                           │
│                 │ 解释的资料 │                           │
│                 └────────────┘                           │
└─────────────────────────────────────────────────────────┘
                        ↓
                 ┌────────────┐
                 │  资料处理  │
                 │ 将资料转化 │
                 │ 为适于分析 │
                 │ 的数据形式 │
                 └────────────┘
                        ↓
                 ┌────────────┐
                 │    分析    │
                 │ 分析资料并 │
                 │ 得出结论   │
                 └────────────┘
                        ↓
                 ┌────────────┐
                 │    应用    │
                 │ 报告结果并 │
                 │ 加以评论   │
                 └────────────┘
```

图2-1　研究的建构

第一节　城市社会调查研究选题

在城市社会调查研究选题之前，需要摸清三个重要的概念：课题、论题和题目。课题是对特定领域经过提炼和选择的所要说明和解决的问题，如针对城市研究领域中的一些科研项目，其研究范围要大于论题。论题是城市社会调查研究的范围或方向，属于内容要素，即社会调查研究的主题，如小城镇课题中的用地布局或风貌规划，村镇规划课题中的新农村建设或古村落保护。题目是准确地概括社会调查报告的一句话或一个词组，由调查研究报告的内容来确定，相对于课题或论题，题目具有较强的灵活性和随意性，即题目可以揭示出论题的内容或体现不出调查研究的内容。

一、选题的意义

选题是开展城市社会调查研究的起始点，它决定了社会调查研究的方向，并影响着社会研究的结果。在选题的过程中，要求研究者在充分掌握各种信息资料的基础上，选择城市社会中需要解决的现实问题或理论问题，并适合于自身的研究条件和研究能力，从而使城市社会调查研究具备一个良好的开端。所以，选题是城市社会调查研究比较重要的一个阶段。

（一）选题决定着城市社会调查研究的方向

在社会研究过程中，人们对具体社会的研究，总是从提出问题开始，然后建立研究假设或提出研究设想，经过资料的收集和整理，最后通过对资料的分析和综合，对研究假设进行验证或从具体的经验事实中总结出一般的结论，并在此基础上提出新的研究课题。一般来说，选题确定之后，就要明确课题的研究范围、研究对象、研究内容等，从而决定了社会调查研究的方向。

现实生活中每一项社会调查研究，都应该是针对城市社会生活领域中的特定社会事物、社会现象、社会问题的，即选题具有针对性、明确性和具体性。例如，开展一项关于城市居民消费行为的调查研究，首先要确定好城市范围的大小，是针对全国所有城市还是几个特定城市，或者某一个具体的城市。其次，城市居民是指城市户籍人口，或常住人口，或外来流动人口，甚至达到一定收入水平的城市人口。另外，消费行为要具体明确，仅指购物行为，或指休闲游憩，或指文化消费等。

（二）选题影响着城市社会调查研究的价值

选题的适当与否关系着城市社会调查研究的成败及其价值。爱因斯坦曾说道："提出一个问题往往比解决一个问题更重要，因为解决问题也许仅是一个数学上或实验上的技术而已。而提出新的问题，新的可能性，从新角度去看旧的问题，却需要有创造性的想象力，而且标志着科学的真正进步。"①在科学史上，一个重大研究课题的提出和解决，往往会极大地推动整个科学研究的发展，甚至会给科学发展带来革命性的变革，开创新的学科，导致整个科学体系的重新组合。同样，反映到社会调查研究上，选题对调查研究的成果所将产生的价值影响较大。

调查研究课题如果能反映现实生活中的重要理论和实际问题，那么调查研究成果的社会价值就越大。例如杭州市正在创建"生活品质之城"，一项针对城市庭院改造工程绩效评价的调研报告，将有利于当地政府明确投资重点或方向，积极推动公众参与城市规划，为杭州市建设中国最具幸福感的城市提供实践依据（图2-2）。同时，在当前的社会主义新农村建设进程中，存在着诸多的"冷""热"不均现象，如在建设主体上，富村热，穷村冷；官员热，农民冷；上面热，下面冷等，这就将需要开展一项新农村建设绩效的社会调查研究。

图2-2　一项关于杭州城市国际化的调查研究
资料来源：俞炜，余满江等.Better City, Better Life——国际人士需求视角下的杭州公共设施满意度调查 [D]. 杭州：浙江工业大学,2010

（三）选题体现着城市社会调查研究的水平

在社会调查中，系统完整地提出一个问题，往往要比调查研究的其他工作花费更多的时间和精力。这是由于在选题的过程中，研究者会受到四个基本因素的影响：专业理论知识，调查研究方法，对社会生活的观察，对社会问题的把握。一项具体的研究课题从开始选择到最终确定，就是上述四个方面因素共同作用的结果。所以，提出和确定的调查课题是否得当，一定程度上体现了调查者的洞悉能力、社会见解、理论水平和判断能力。可见，一个缺乏敏感、具有守旧思想的人，不可能会选择调查代表事物发展方向的新生事物；或者一个缺乏专业学识水平、没有学术创见的人，也不可能去调查专业性、技术性、时代感强的课题。

---

① 爱因斯坦，英菲尔德.物理学的进化[M].上海：上海科学技术出版社，1962：66。

在具体的社会调查研究课题选择上，并非选择宏观问题就代表研究水平较高，而研究微观问题的水平就低。实际上，一项研究课题所反映的研究水平的高低，要看这种选题能否在比较深入的层次上揭示社会现象的内在联系，是否在比较高的层次上概括社会现象的整体状况和发展规律，能否回答人们在社会中所碰到的新问题或焦点问题，而不是在比较低的层次上简单地列举社会现象的特殊状况和基本特征，在较为浅显的层次上描述社会现象的表面特征或重复已经明了的事实和结论。

（四）选题制约着城市社会调查研究的过程

社会调查选题一旦明确或确定，就意味着研究人员对课题的研究思路和研究方向有了整体的把握，并决定了具体的研究对象、研究范围和研究方法，从而制约着城市社会调查研究的全过程。例如，关于城市居民消费行为的研究，可以选择不同的课题类型：①全国城市居民消费行为研究；②城市青年消费行为研究；③小城镇居民的闲暇消费研究；④城市居民的消费行为与地位象征研究。这四种类型课题对于研究对象、研究内容、研究方法和研究规模等要求是各不相同的，如有的是以全国为总体的抽样调查（全国城市居民消费行为研究），有的是在一定范围内的抽样调查（城市青年消费行为研究，城市居民消费行为与地位象征研究），有的是以个案研究、参与观察为主（小城镇居民的闲暇消费研究）。同样，四种类型课题所采用的资料收集方法（访谈法或问卷法）和研究方式（描述性研究或解释性研究）也相互各异，并具有不同的调查队伍组织、调查时间安排和调查经费预算等，由此制约着各个课题调查研究的全过程。

二、选题的原则

在选题过程中，研究者可以根据自己的兴趣或想法，或者根据自己的研究能力和研究条件，或者根据自己的社会价值偏好，甚或政府委托与社会发展的需求等方面来确定课题。在实践中，社会调查研究选题通常会体现出以下几个方面的原则或标准。

（一）兴趣性原则

兴趣是引起社会调查研究的起始点，兴趣可以产生想法，想法又可能是较大理论的一部分，而理论也可能引申出新的想法、新的兴趣。实际上，调查研究的目的就是为了探讨兴趣和检验具体的想法，或验证复杂的理论。所以，选题首先要遵循兴趣性原则，不同研究者对不同的社会事物、社会现象或社会问题有着不同的兴趣方面，从而可以产生不同的社会调查选题，并带来不同领域的学术理论成果或社会实践成果。例如，就当代中国城市住房问题，有的研究者对城市高房价问题比较感兴趣，有的研究者则对城市廉租房或经济适用房问题感兴趣，而有的研究者关注于城市的居住空间分异问题，这些方面均是城市生活中的热点问题。由此，通过各个兴趣点方面的社会调查研究，将有助于统筹解决城市的住房问题或为城市住房规划提供相对完善的建议和对策。

（二）创新性原则

科学研究的本质就是不断追求新理论和新方法，并产生新观点和新思想。城市社会调查研究也不例外，选题要体现出创新性原则。具体来讲，创新性表现在三个方面：①所要研究的社会现象或问题是最近才出现，并没有得到别人的关注和研究，属于社会学知识库存的空白点，开展此类研究将具有开创性。例如，20世纪80年代社会学家费孝通先生关注的"小城镇"问题，90年代中国兴起的"企业集群"研究，21世纪前后国内出现的信息化城市或网络社会研究，以及最近兴起的新型城镇化、美丽中国等相关研究。②采用新理论或新方法对旧的社会问题进行研究，从而得出新的诠释或新的结论。例如，就中国城市化问题可以分别从社会学、经济学、地理学等不同学科理论进行研究，社会学运用人口学原理，经济学采用劳动分工理论，地理学以构建合理的城镇体系为目标，从而产生新的概念或新的理论解释。③随着社会的发展，研究对象发生了新的变化，原有的理论已经不能够有效地解释发生变化的社会问题或社会现象，开展这种类型的课题研究也将具有创新性。

（三）必要性原则

选题要针对当前社会发展中的迫切需要解决的理论问题和实践问题，或者针对具有前瞻性的问题，根据社会发展和实际工作的客观需要进行确定。由此，可将研究课题划分为理论性调查和应用性调查，前者注重的是理论贡献，后者是一种实践对策性研究。其中，研究课题的理论意义是指对一门学科的发展、对某种理论的形成或检验、对社会规律的认识、对社会现象的解释等所作出的理论贡献。实践意义是指研究课题对现实社会中存在的社会问题进行科学的回答，并能对解决或改善这类社会问题提出建议和对策。同时，研究课题的重要性还表现在所选择的课题具有重要的社会意义。例如，开展一项城市规划的调查研究，既包括编制城市规划设计方案的需要，也有城市规划理论研究的需要，还包括城市建设及管理实践的需要，以及解决城市公众的生活困难的需要等等。

（四）可行性原则

可行性是指选择的研究课题要与研究者的研究能力、研究条件和各种社会因素相适应，即要根据研究主体和客体的现实条件合理选择调查课题。研究主体方面主要包括研究能力和研究条件，前者指研究者的知识结构、理论水平、实践经验、组织能力、操作技术等方面；后者指研究经费、研究时间、研究队伍、研究物力等方面。研究客体是指社会调查的对象，所选择的调查课题要与客观事物的成熟程度、与被调查对象的回答能力和合作意愿、与各种社会环境因素相符合。所以，只有选题与研究主体和客体的现实条件以及社会现实因素相适应，社会调查研究的开展才能够顺利进行。

三、选题的方法

选题在社会调查研究中的作用意义重大，一个好的选题不但有利于顺利开展调查研究工作，而且更易于取得具有较高科学价值和社会价值的研究成果。所以，我们可以从那些成功的调查研究案例中寻找相关的选题方法，为未来顺利开展社会调查研究提供相应的指引。

（一）关注"热点"

"热点"是指在某一时期某些研究者在学科领域内所关注的聚焦点，这些社会问题都具有较强的时代感。"热点"问题往往就是顺应社会发展需要所重点讨论的对象，并会促进在某个时期产生较多的理论与实践成果，也是开展那个时期社会问题研究所重点支持或资助的课题。所以，关注"热点"既可以立足于现有研究成果而取得创新性的结论，也符合社会发展的实践应用性需要，有利于得到相应的客观研究条件支持，以及各种社会因素的良好互动。例如，自从20世纪80年代费孝通提出"小城镇"问题以来，许多相关学科均将研究视角转移到这个"热点"问题上，其中包括社会学、经济学、地理学、城市规划学等，并成为该时期的重要立项课题；至今，国家新型城镇化、农业现代化战略又开始逐步重视中小城镇、美丽乡村的发展建设，成为各个学科领域的新一轮"热点"问题（图2-3）。

当前，城市居住与社区、城市交通与公共设施、城市商业与消费、城市生态环境等问题，已经成为当前城市社会调查研究重点关注的对象，这些问题也都是当代中国城市发展过程中所要着力解决的重要任务。所以，开展这些方面的调查研究将具有重大的现实意义，也容易取得相关政策性机构的支持，同时，这些"热点"并可以让研究者从不同视角或微观细处着手，从而取得较为丰富的理论成果和完善的政策性建议。例如，开展城市居住问题研究，可以针对不同收入阶层进行调查，既包括富人阶层、中产阶层，也包括中低收入阶层，而每个阶层的调查研究均可以作为一项很好的选题。

图2-3 杭州市典型美丽乡村的社会调查

来源：龚圆圆等. 大美中国，小美乡村——基于不同发展模式的杭州市美丽乡村典型实例调研 [R]. 杭州：. 浙江工业大学 ,2013

图2-4　大学毕业生聚集群体

当前，"城市贫困"就是社会调查研究的一个热点问题，而城市贫困问题又包括了诸多研究对象。近年来在北京市开展的一项关于大学毕业生聚居村的社会调查①，其"蚁族"称谓的出现，与同时期热播的电视剧《蜗居》相互呼应，引起了较为强烈的社会反响，甚至后来的网络媒体又出现"屌丝"新名词（图2-4）。这项研究关注社会"热点"问题，选题视角细致而独特，并得到了当地政府部门的支持，其研究成果也蕴含着重要的社会价值。

（二）寻找"空白点"

"空白点"是指在学科研究领域内尚未涉猎研究过的课题，或者已经有所研究但仍有探索余地的课题。一般来说，尽管开展"空白点"型课题研究有利于取得突破性理论或实践成果，符合创新性原则，但能否取得社会发展需要的支持，或者是否具有研究的可行性，都需要在选题前期进行相应的考虑。相反，由于这些课题研究没有可以借用的理论和方法，所以也存在着较大的发挥余地或研究空间。同时，选择这种课题可能会在前期出现一定的困难，但随着社会发展进程的不断推进，此类课题的应用性和时效性也将持续增强，从而会逐步引起相关研究的关注和政策机构的支持。

例如，20世纪60年代以来，随着信息网络技术的兴起，信息化城市或互联网城市研究是西方发达国家的新型课题，但在国内少有学者涉猎，直到90年代末才出现了少量理论性评述研究。但在进入21世纪以后，开始陆续出现了相关专著，这引起了一些城市政府的注意，并有部分城市提出了打造"电子商务之都"的战略目标，从而进一步推动了该类型课题的深入探索。至今，互联网技术及移动互联网对城乡发展的影响无处不在，电商、网络购物、淘宝村等现象正在重构城乡空间，但此方面的相关调查研究仍然属于空白领域。

---

① 廉思蚁族：大学毕业生聚居村实录[M]. 桂林：广西师范大学出版社，2009。

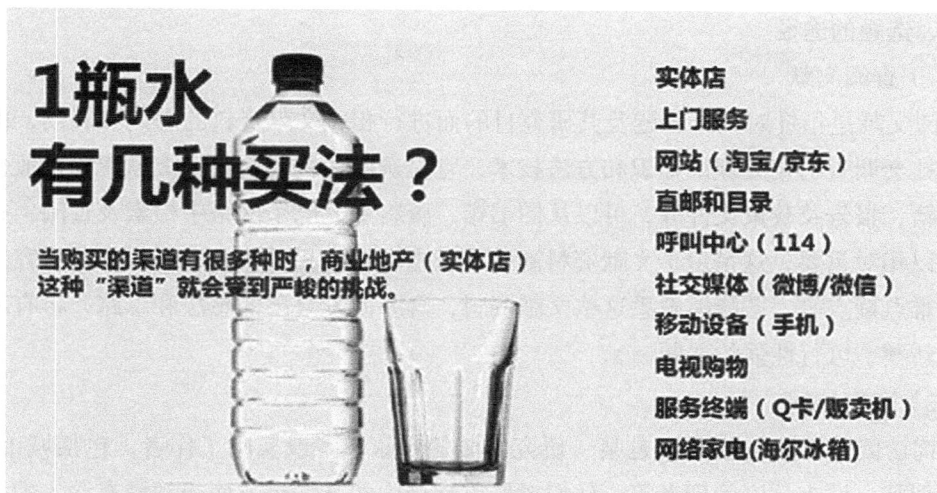

实体店
上门服务
网站（淘宝/京东）
直邮和目录
呼叫中心（114）
社交媒体（微博/微信）
移动设备（手机）
电视购物
服务终端（Q卡/贩卖机）
网络家电(海尔冰箱)

图2-5　电商对城市实体空间的重构影响

同样，20世纪60年代著名建筑与城市规划学家凯文·林奇开展了一项针对城市公众的"城市意象"调查，成为国内外城市研究中的一个经典案例。这是由于传统城市规划一般都是属于"自上而下"型，很少考虑到城市公众的参与性，更是忽略了大多数居民眼中的城市，而"城市意象"研究却填补了这个"空白"[①]。当前，国内出现的城市消费者行为探讨也是基于20世纪80年代城市商业空间的研究，这种课题更多考虑了城市公众主体的视角，而不仅仅是政府机构或商业机构的开发策略，从而具有更强的现实性和应用性。可见，以上这些选题均是寻找到了学科领域中的研究"空白点"，并取得了具有重要价值的社会调查成果。

（三）占据"交叉点"

"交叉点"是指不同学科领域的交叉地带，而在每个学科内部又属于研究的边缘薄弱区。当今科学发展出现了各学科之间相互渗透、相互交叉的趋势，并在学科与学科的交叉地带，涌现出了新的学科门类，而这些学科的产生就是"交叉点"型课题研究的结果。例如，城市社会学就是城市学与社会学相互渗透的一门学科，该学科起源于20世纪初期的芝加哥大学社会学系，由社会学家帕克通过开展对芝加哥市不同阶层的居住状况调查而兴起，并形成了其后著名的城市"同心圆"空间模式，而在此之前，社会学家很少关注于城市社会的调查研究。同样，城市经济学、区域经济学、城市地理学等均属于城市规划学科体系的交叉型边缘学科，但这些学科顺应社会发展的时代需求，更易于取得突破性的研究成果[②]。

---

① （美）凯文·林奇.城市意象[M].方益萍译.北京：华夏出版社，2001。
② 如2008年诺贝尔经济学奖授予了美国经济学家保罗·克鲁格曼，表彰其在经济地理学（空间经济学）领域所取得的重大研究成果。

四、选题的途径

（一）查阅文献

查阅文献是指针对调查课题及其研究目的而进行相关文献资料的查询和阅读，由此获取开展社会调查的相关理论知识和方法技术，它是选题的首要途径。文献资源一般包括论文、书籍、报告及政策文件等，可以从图书馆、资料室、电子网络中检索及查阅。查询文献之所以相对重要，这是由于文献资料涵盖了调查课题的相关信息，诸如前期研究、初步结论、难点疑点等，若能够熟悉这些文献资料，容易萌发自己的想法和思路，将有利于获取视角新颖、可行性强的选题。

（二）咨询访问

咨询访问的对象一般来说是某一研究领域的专家学者或实际工作者，包括城市学者、城市规划师、城市政府管理者等，他们对城市社会中的某一个方面或领域有深入的了解或专门的研究，明晰其中的热点、难点或空白点。所以，向这些专家学者或实际工作者咨询访问，可以得到他们的指点帮助，获取到有益的启迪和建议，由此进一步了解所选课题的研究价值、可行性及重点难点等，为后续调查研究工作奠定坚实的基础。

（三）实地考察

"纸上得来终觉浅，绝知此事要躬行"。现实社会属于一个复杂而庞大的系统，社会问题与现象丰富多彩，社会关系盘根错节，各种原因机制隐藏较深。一方面，多元化的社会问题为我们提供了较多的选题可能性，有利于选题的顺利开展；另一方面，探索与解释各种城市社会现象不能仅靠室内思索与研究，必须走到现实社会中去，进行城市社会的实地考察，通过初步或深入的观察或访谈，从而获得具有较高社会价值的调查选题。

（四）科学论证

科学论证是指围绕选题的意义、目的、可行性及社会价值等方面进行实事求是地评论、推理或证明，以求取意义重大、可行性强、社会价值高的研究选题。该选题途径可以基于上述三种方法之上，这是由于其中包含了对前人研究成果的回顾与评述、对现实社会的熟悉与了解、对专家学者的咨询与访问，但其所考虑的选题将会更为全面、科学性更强、社会意义更为重大。

第二节　概念化、操作化与测量指标

准确地表达问题往往比回答问题更困难，而一个表达准确的问题基本上就回答了问题本身。所以，社会调查研究的关键就是将各种缤纷复杂的城市问题或现象进行准确地表述，这就涉及对问题或现象的归纳、提炼与总结，即概念化、操作化与测量。本节首先对研究的目的进行表述，包括探索、描述和解释；其次讲述调查或研究的对象，如人或事；最后对研究的概念化、操作化和测量指标进行解析，以达到能够清晰地表达某个城市社会问题或现象的重要目的。

一、研究的目的

（一）探索

多数社会研究都要探讨某个议题，并提供对该议题的初步认识，当研究者讨论某个陌生的议题或议题本身比较新时，就尤其如此。探索性研究通常用于满足三类目的：①满足研究者的好奇心和更加了解某事物的欲望；②探讨对某议题进行细致研究的可行性；③发展后续研究中需要使用的方法。探索性研究非常适用于开发新的研究领域，提出或获取新的观点；其缺点则是很少圆满地回答研究问题，尽管它可以为获得答案和寻求确切答案的研究方法提供线索。

例如，假设某城市拟建高架道路沿线的多个居民小区不满当地政府施工而组织反抗活动，包括打出条幅、贴出标语、到政府机关申诉等，对于该社会问题也许你想知道得更多，如问题的普遍性、社会的支持程度、城市交通组织方式等。为了回答这些问题，我们就要做些探索性研究，必须对高架道路建设的方案进行了解，其积极作用和消极影响表现如何？到各个居住小区调查访谈群众，掌握反抗活动的目的和重点；并走访相关政府部门，了解城市管理者的想法和反应（图2-6）。

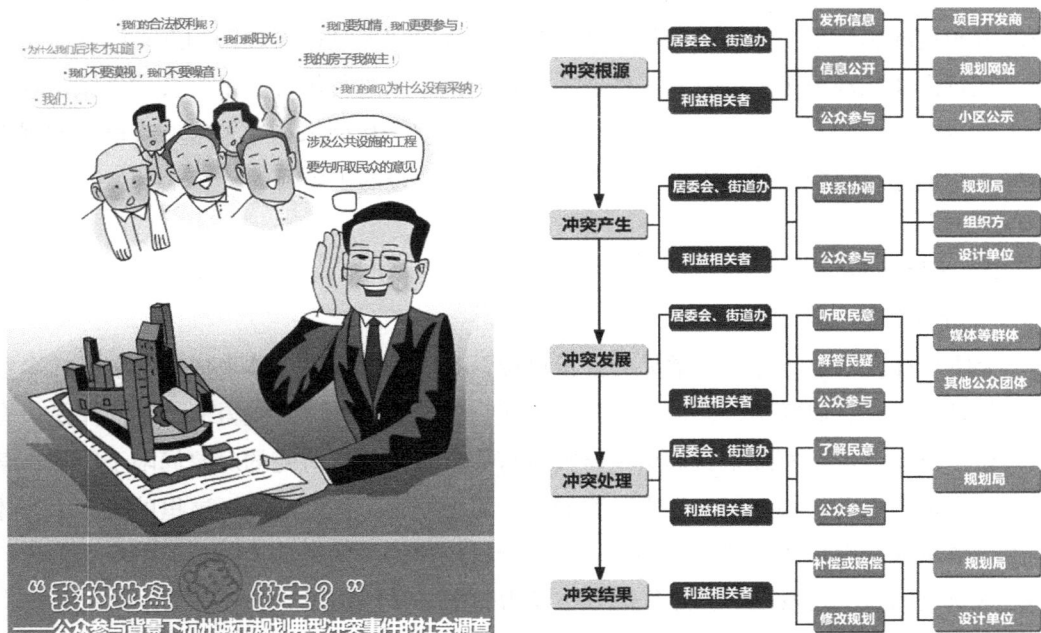

图2-6　针对杭州市高架路建设对居民社区影响的调查

资料来源：储薇薇等.我的地盘谁做主——公众参与背景下杭州城市规划典型冲突事件的社会调查[R].杭州：浙江工业大学,2013

（二）描述

许多社会科学研究的主要目的是描述情况及事件。通过研究者深入观察，然后把观察到的事物或现象描述出来。由于科学观察仔细而谨慎，因此，科学描述比一般的描述要精确。描述性社会研究的一个最好例子就是人口普查，人口普查的目的是准确地描述全国和省市县人口的各种特征。其他描述性研究的例子，如人口统计学家描述的年龄、性别以及各城市的犯罪率等；产品市场调查的城市消费人群、收入状况、消费偏好等；城市公共设施调研的分布特征、使用频率、公众反应等。

同时，许多定性研究的基本目的就是描述，如人类学的民族志就是要详细描述一些前文明社会的特殊文化。但是，研究活动并不限于描述，研究者通常还会探讨事物存在的理由及其所隐含的意义。

（三）解释

社会科学研究的第三个目的是解释事物。描述性研究主要回答："是什么？在哪里？什么时间？如何进行？"等问题；解释性研究主要是说明事物或事件发生的原因和回答"为什么？"等问题。一般来说，地理学家善于描述各种事物的分布格局，社会学家和经济学家则关注于造成此种分布格局的动力机制或主要原因，后者即为解释性研究。在城市社会调查过程中，要注意综合运用描述性和解释性两种研究方式，这样才能够将各种社会问题或现象分析透彻，从而达到表述问题、解释问题和解决问题的重要目的。

例如，在一项针对某城市环卫工人工作设施布局的调研中，首先我们要将现有的工作设施分布情况和环卫工人行为特征描述清楚，从中可以发现两者之间相互不匹配的矛盾状况，这将需要从环卫工人的日常工作或生活需求因素来进行解释，最终会得出城市环卫工人工作设施的合理布局模式或调整改进的针对性建议，从而来指导未来城市设施的规划与布局。在上述过程中，我们也达到了开展城市社会调查的主要目的。

二、研究的对象

（一）个体

个体是社会科学研究中最常见的分析单位，我们通常通过个体来描述和解释社会群体及其互动。在社会研究中，任何个体都可以成为分析单位，尽管获得概括性规律是最有价值的科学发现，但在实践中我们很少研究所有人群，至少所研究的对象局限于居住在某个国家或城市的人群，如选民、学生、教职工、单亲家长、同性恋等，这里的每一个群体都是由个体组成。在描述性研究中将个体当作分析单位的目的是描述由个体组成的群体，而解释性研究的目的是发现群体运作的社会动力（图2-7）。

作为分析单位，个体被赋予了社会群体成员的特性，如一个人可以被描述为出身豪门或出身贫穷；一个人也可以被描述为有或没有大学学历的母亲。在一项研究计划中，我们可以考察：母亲有大学学历的人是否比母亲没有大学学历的人更有可能上大学；或者出身

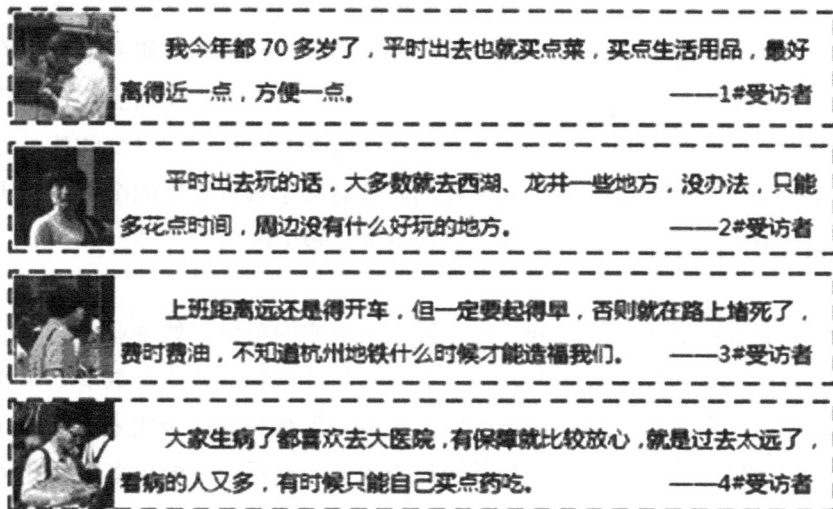

图2-7 针对城市居民不同个体的访谈调查

资料来源：朱嘉伊等. 空间微作用——微观土地利用特征对居民出行方式的影响调研
[R].杭州：浙江工业大学,2013

富裕家庭的高中生是否比出身贫困家庭的高中生更有可能上大学。在这两个例子中，分析单位都是"个体"而不是家庭，我们汇总了这些个体并对个体所属的总体进行概化。

（二）群体

群体是指具有某些共同特征的一群人，如女性、儿童、老年人、大学生、农民工等（图2-8）。在社会调查研究中，群体本身也会成为分析单位，但将社会群体作为分析单位与研究群体中的个体不同。例如，可以根据家庭年收入或者是否拥有计算机来描述各种家庭，假设用家庭平均年收入或拥有电脑的家庭的比例来进行描述，这样就可以判断平均年收入高的家庭是否比平均年收入低的家庭更可能拥有电脑。在此案例中，分析单位就是作为群体的家庭，因为家庭的经济状况是由每个家庭成员或个体的收入来决定。

图2-8 我国城市外来务工者群体

　　和其他分析单位一样，我们可以根据群体中的个体属性来划分群体的属性。例如，可以根据年龄、种族或者家长的教育程度来描述一个家庭。在描述性研究中，将可以了解到有多少比例的家庭拥有一个大学毕业的家长；在解释性研究中，我们能够确定的是，平均而言，这些家庭是比那些没有大学毕业的家长的家庭拥有更多还是更少的孩子。在这个例子中，分析单位是家庭。与此相反，如果我们问具有大学教育程度的个人是否比那些教育程度低些的人拥有更多或更少的孩子时，分析单位则是个体。

　　（三）组织

　　组织是指具有共同目标和正式分工的一群人所组成的单位，如企业、超市、大学、军队、政党等。以中国大中型企业为例，一个企业的特征包括就业人员数量、年纯利润、总资产、营业收入等，我们可以说明入选500强企业的年纯利润是否比未入选500强企业的更高，或者入选500强企业的就业人数是否比未入选500强企业的更多。在此案例中，研究的对象是作为组织的企业。

　　（四）社区

　　社区是按地理区域划分的社会单位，如乡村、小城镇、市区等。社区成员一般共同从事社会、政治、经济等活动，并具有较为一致的文化规范和价值标准，共同遵守一定的行为模式。将社区作为调查对象通常是为了描述社区居民的生活状况、交往活动、文化活动、行为规范等（图2-9）。例如，20世纪三四十年代我国著名社会学家费孝通先生曾对乡村社会学进行过深入的探索，同时并撰写出具有国际影响力的学术著作——《江村经济》，这也奠定了他在社会学研究领域中的重要地位，即使是20世纪80年代所提出的小城镇建设论断也得到了各个领域的广泛关注。

图2-9　杭州"荷花苑"城中村社区案例

资料来源：寿建伟等.杭州荷花苑城中村调研报告[R].杭州：浙江工业大学，2009

（五）社会互动

社会互动是发生在非个体人类之间的活动，如打电话、辩论、跳舞、网络聊天、接吻等。在社会学研究中，社会互动也与分析单位相关，这是由于它是原始理论范例的基础，并无限地扩大了分析单位的数量。尽管通常情况下个体是社会互动的参与者，但是比较订阅不同网络服务的人群和比较通过那些相同的 Internet 服务商提供的服务在聊天室里讨论的时间长短是有区别的。前者的分析单位是个体，后者的分析单位是"讨论"。

（六）社会人为事实

社会人为事实是指人类行为或人类行为的产物，其中一类包括具体的对象，如书本、绘画作品、汽车、建筑物、陶器及一些科学发明等。例如，每一本书都可以根据其大小、重量、长度、价格、内容、所含图片数量、销售数量、作者等来进行区分，而所有的书或某种类型的书，都可用于描述或解释哪种类型的书籍最为畅销，其原因又何在。同样，我们也可以考察一份地方报纸社论对当地一家大学的评论，由此描述或解释在一段时间内该报纸的立场是如何改变的，此时报纸社论变成了分析单位。

三、概念化与操作化

在社会研究过程中，首先要将那些社会问题或现象统一成为可以交流认知的标签，并达成共识，该过程即为概念化（conceptualization），而达成共识的结果就是概念（concept）。假如我们在生活中遇见这样的一个人，他帮助过迷路的小孩寻找父母，把失落的小鸟放回鸟巢，在节日期间去儿童医院探望病人，当我们想用一个标签来代表这个人时，就会想到"他是一个具有同情心的人"，而"同情心"即为概念。

（一）概念化

人们日常交流所使用的词汇的含义常常是模糊的和意会的，社会科学研究需要我们来进行精确地表述，概念化就是为研究中的概念指定明确的、共识的意义。所有的研究都有两个共同的目标，那就是描述和解释。如果你们认为描述比解释简单，那么你们就会惊讶地发现，描述性研究在概念化或定义上要花的功夫远比解释性研究中的多。

清楚、精确的定义对描述性研究的重要性非常强。如果研究的目的是描述并报告某个城市的失业率，那么对失业的定义就十分重要，而对失业的定义还依靠对劳动力的定义，一个3岁的小男孩就不能够当作失业者，因为他不属于劳动力，所以，人口普查中对劳动力的定义将14岁以下的人排除在劳动力群体之外。同时，我们还会考虑到高中学生、退休人员、残疾人员以及家庭主妇也不属于失业者，因此劳动力的定义即为"14岁或以上，有职业的，或正在找工作的，或等待被暂时解雇的公司召回上班的人。"但是"寻找工作"的意义又是什么？等待工作机会的人算不算？根据一般惯例，"寻找工作"可以被定义为：当访问"你在过去七天里有没有找过工作？"时回答为"是"。

例如，"蚁族"是对"大学毕业生低收入聚居群体"的形象化定义，具有大学毕业、低收入、聚居三个典型特征。其一，大学毕业限定了群体的界限，即没有受过高等教育的青年农民工以及务农青年不属于此群体的范围之内；其二，低收入为月均2000元左右，多数从事简单的技术类和服务类工作；其三，聚居的生活状态，该群体主要聚居于人均月租金377元，人均居住面积不足10平方米的城乡结合部或近郊农村。"蚁族"概念最早产生于针对北京地区的研究，由于该定义的形象性和社会问题的普遍性，后来逐步扩展到上海、武汉、广州、西安、杭州等地区，而加入该类课题研究领域的成员也逐步增多，这也表明了概念化对社会调查研究的重要意义。

专栏5：概念界定

①内城贫困区：借鉴美国"内城"的特定内涵，本文所指内城贫困区是指分布于中心城市中心区附近，贫困居民相对集中的区域。

②贫困居民：城市贫困居民的界定不仅仅是以收入水平和生活水平为基准，还从就业特征、年龄分布和家庭结构方面，以及居住隔离、住房条件与居住环境、社会参与、基本经济和公共服务设施使用等方面来进行判别。

③剥夺：贫困居民在空间资源公平配置和享有领域明显处于不利状况，并在社会排斥机制下越来越处于被动状态——也就是剥夺。

——潘璐婧等.世纪城市的叹息，计划经济的遗老——基于杭州地域的社会贫困与剥夺调研[R].杭州：浙江工业大学，2009

（二）操作化

操作化与概念化关系非常密切，概念化是对抽象概念的界定与详述，操作化则是特定研究程序（操作）的发展，并指向经验观察。一般来说，在社会研究过程中，首先要形成概念性定义，接着是操作化定义，之后就是变量概念命名，以便能够更好地测量。

例如，在城市规划领域，公民参与属于规划者喜欢的一个概念。规划人员相信，公民参与规划过程会有助于规划的实施，公民参与还可以帮助规划者了解社区的需要，同时也促进公民对规划的合作和支持。所以，公民参与是城市规划者所达成共识的一个概念化定义。但是，若要不同的规划者对公民参与概念提出操作方法，则会出现多种界定方案，有的人可能把公民出席城市委员会和其他地方政府会议的次数作为主要依据，有的人则可能把公民在类似会议中的发言作为主要依据，还有的人可能考虑把出席地方政府会议的人数、市长和其他公务员接到来信和电话的数量作为主要依据。所以，尽管公民参与作为一个共识概念并没有太多的问题和异议，但在具体的操作化过程中就会出现相互迥异的情况。

（三）社会测量

社会测量是指按照一定测量规则对社会现象的属性和特征进行测量或量度并赋予一定

符号或数值的过程。社会测量是操作化过程中的关键环节，它是对社会现象的研究，特别是对个人感受、社会态度、心理状态等主观现象的研究，逐步从定性研究向定性和定量相结合的研究转变。

社会测量包括"测量谁"、"测量什么"、"如何测量"、"怎么表示"等构成要素，即测量客体、测量内容、测量规则和数字符号。按照测量对象数量化程度由低到高的顺序，常用的社会测量方法可以分为定类、定序、定距和定比等四个层次。

定类测量也称之为定性测量，是指变量的属性只有完备性和排他性特征，如性别、宗教教派、政治党派、出生地、院系、头发颜色等。定类测量是只表达特征的名称或特征标签。例如，根据出生地对一群人进行分组，出生在浙江的一组，福建的另外一组，江苏的又一组，等等，站在同一组的人至少有一点相似，与其他组的成员也因这点而互相区别。

定序测量是根据变量的属性进行逻辑排列，如大小、多少、强弱、高低等不同程度。例如，可将上述人群按照大学毕业、高中毕业（但没有大学学历）、未高中毕业的标准划分为三组；也可以将上述人群根据居住面积区分为大户型、中户型、小户型三类。但是，定序测量并没有运用具体的数字来进行分类，而是强调不同组别之间的高低或大小程度。

定距测量是指对测量对象之间的数量差别或间隔距离的测量，以等距的测量单位去衡量不同的类别或等级间的距离。例如，多年来人们接受智力测验的结果分布显示，IQ 成绩 100 和 110 之间的差距，与 110 和 120 之间的差距应被看成差别不大，但不能够说成绩 150 比成绩 100 的人聪明 50%。

定比测量是指对测量对象之间的比例或比率关系的测量。例如，当我们测量某街道的沿街建筑物的具体高度、某房间大小的具体面积等等，既能够加减也可以乘除地运算。若将上述人群进行定比测量，按照不同年龄进行分组，即所有 1 岁的分为一组，2 岁的分为一组，3 岁的分为一组，等等。

四、社会指标

各种社会现象丰富多彩，社会科学的概念具有复杂的、各式各样的含义，许多社会科学变量也都有相当明确、直截了当的测量方式。社会指标是指反映社会事物或社会现象的质量、数量、类别、状态、等级、程度等客观特性和社会成员的感受、愿望、倾向、态度、评价等主观状态的项目。一切社会现象都可以用社会指标来反映，如国内生产总值、人口自然增长率、城镇化水平，以及幸福感、安全感、满意度等，都是社会调查中常用的社会指标。

（一）社会指标体系

在实际的社会调查中，许多社会概念有不同的解释方式，每一种解释都有多种可用指标，在此情况下，就要对变量做多重观察与取舍，然后将多个单一指标组合成为指标体系。在研究过程中，社会指标体系是根据一定目的、一定理论所设计出来的能够反映社会现象的，具有科学性、代表性、系统性和可行性等特点的一组社会指标。

例如，进入 21 世纪以来所流行的城市竞争力评价指标体系。竞争力的概念最早产生于 20 世纪八九十年代美国管理学家迈克尔·波特所提出的"国家竞争优势"，最初仅仅是概念和理想体系的构想，引入国内以后被许多城市研究学者所推崇，由此产生了多种城市竞争力评价模型及其指标体系，并以中国社会科学研究院倪鹏飞的中国城市竞争力评价最为典型。

社会指标体系是对概念化、操作化的一种具体反映，即使针对同样的一个概念所构建的指标体系也是多样化的，而其评价结果也将会相差较大。例如，《美国新闻和世界报道》杂志每年都会对美国的大学和学院进行排名，主要是依据几个项目的指标体系来确定，即每个学生的教育经费、毕业率、选择性（申请被接受的百分比）、一年级学生的平均 SAT 得分和相似的质量指标。在通常情况下，哈佛大学排在第一位，随后是耶鲁大学、普林斯顿大学。但是，1999 年的排名却在社会各界引起轩然大波，加利福尼亚理工学院在 1998 年排名第八，但一年后却突然飙升为第一名，其原因究竟是什么呢？这是由于 1999 年该杂志改变了排列指标的次序，即指标赋值出现了新变化，更为强调每个学生的平均经费。

同样，国内的大学排行榜也会经常出现不同的版本，即使以最为代表的武书连大学排行榜，各个名牌大学的位次也会发生突然变化。例如，清华、北大、浙大一般被认为中国前三甲大学，但在 2011 年的大学排行榜中，浙江大学跃升为第一位，尽管社会各界仍然认为北大、清华是中国最好的大学。从排名得分来看，在构建的指标体系中，浙江大学的研究生培养和自然科学研究较为突出，这与 20 世纪 90 年代末浙江省四所重点大学的合并密切相关，即产生了规模性的研究生数量和自然学科体系。所以，什么是最好的大学？这取决于你如何界定"最好"，并不存在"真正的最好"，这完全依赖于我们所创造的不同的社会建构或评价体系。

（二）主观社会指标

主观社会指标是社会测量中的重点和难点，可以划分为两种基本类型：一类是以感性认识为主的指标，包括情绪或感情指标、意向或期望指标、行为倾向指标，感情色彩较浓，该类型指标具有不系统、不稳定和自发性、偶然性等特点。例如，"您对目前的居住环境是否感到满意？"属于情绪或感情指标；"您是否愿意成为一名规划师？"属于意向或期望指标；"您是否准备参加全国规划系统的行业培训？"属于行为倾向指标。

另一类是以理性认识为主的指标，如评价或判断指标、态度或决断指标、价值观念指标，该类型指标理性色彩较强，具有系统性、稳定性和自觉性等特点。例如，"您认为规划设计单位的企业化改制是否合理？"属于评价指标；"您是否支持城市规划的公众参与？"属于态度指标；"您认为该项规划的方案应当重点体现哪些原则？"属于价值指标。

在实际调查过程中，主观社会指标的测量一般有填答问卷、量表（Scales）等自我报告型的方法。在设计问卷或量表时，应该努力反映两个方面的内容：一方面是心理状态的方向，如喜欢和不喜欢，满意和不满意，好和坏等；另一方面是心理状态的等级或程度，如非常喜欢、比较喜欢、无所谓、不太喜欢、很不喜欢等（表 2-1）。

杭州公共设施满意度评价指标体系及结果分数　　　表 2-1

项目		满意度			需求度 (%)			使用频率 (%)		
分类	内容	平均	商务区	旅游区	平均	商务区	旅游区	平均	商务区	旅游区
纯政府供给	交通	4.89 (6)	4.96 (6)	4.82 (6)	75.34 (1)	75.56 (2)	75.12 (1)	96.27 (2)	98.32 (2)	94.21 (2)
	环境卫生	3.98 (8)	4.11 (8)	3.85 (8)	70.37 (2)	81.61 (1)	59.12 (3)	91.79 (3)	96.31 (3)	87.26 (3)
	文化	5.49 (3)	5.35 (4)	5.62 (1)	28.21 (6)	30.46 (4)	25.96 (5)	86.98 (4)	96.27 (4)	77.68 (4)
政府与市场混合供给	教育	5.51 (2)	5.41 (3)	5.61 (2)	12.82 (8)	21.86 (7)	3.78 (8)	60.79 (7)	92.89 (5)	26.68 (8)
	体育	5.31 (4)	5.28 (5)	5.33 (5)	19.55 (7)	23.41 (6)	15.69 (6)	63.90 (6)	92.64 (6)	35.15 (7)
	医疗	4.89 (6)	4.35 (7)	5.42 (4)	36.67 (4)	64.10 (3)	9.24 (7)	58.74 (8)	79.51 (8)	37.96 (8)
纯市场供给	商业	5.59 (1)	5.65 (1)	5.52 (3)	44.46 (3)	25.14 (5)	63.78 (2)	98.92 (1)	99.78 (1)	98.06 (1)
	金融	5.53 (5)	5.43 (2)	5.02 (6)	30.63 (5)	11.89 (8)	49.36 (4)	76.9 (5)	92.43 (5)	61.35 (5)

注：上方数字表示具体统计数值所占总体调查数量的百分比值，下方表示该项设施的排名。其中，满意度分值分布为0—7分。

资料来源：俞炜，余满江等.Better City, Better Life——国际人士需求视角下的杭州公共设施满意度调查.浙江工业大学,2010.

（三）量表

针对主观社会指标，常常需要采用量表的方式来确定其平均或综合程度的表现状态。在社会调查研究中，较为常用的有总加量表、社会距离量表和语义差异量表。

总加量表又称为李克特（R. A. Likert）量表，在问卷调查中较为广泛运用，主要用于对人们关于某一事物或某一现象的看法和态度等进行社会测量。例如，一些问卷经常要求受访者根据以下几个选择来回答："非常同意"、"同意"、"无所谓"、"不同意"、"非常不同意"，并由此赋予相应的得分，如0~4或1~5；同时，考虑到项目的正负方向（如给"非常同意"正面项目的和"非常不同意"负面项目的人都给5分），这样，每一个受访者最后都会依其对每个项目的回答而得到一个总分值。

对一个音乐片段欣赏的语义差异量表　　　表 2-2

	十分	有些	皆非	有些	十分	
愉悦的	□	□	□	□	□	不悦的
和谐的	□	□	□	□	□	不和谐的
传统的	□	□	□	□	□	现代的
简单的	□	□	□	□	□	复杂的

社会距离量表又称之为博加德斯（Bogardus）量表，主要用来测量人们相互之间交往的程度、相互关系的程度，或者对某一群体所持的态度以及所保持的距离。例如，"你愿意认识外国同学吗？""你愿意让外国同学来家里做客吗？""你愿意为外国同学做点事情吗？""你愿意和外国同学成为朋友吗？""你愿意付出一切为外国同学提供帮助吗？"等社会关系逐步增强的问题就属于社会距离量表。

语义差异量表要求受访者在两个极端在两个极端之间进行选择，并与总加量表混合使用。例如，针对一个音乐片段的欣赏，会产生"愉悦的"和"不悦的"、"和谐的"和"不和谐的"、"传统的"和"现代的"等系列主观感受，而在每一组相反态度的选择中又存在"十分"、"有些"、"皆非"、"有些"、"十分"不同的认识，从而组成一个两项维度的语义差异量表（表2-2）。

第三节　城市社会调查的基本类型

在城市社会调查中，调查对象是社会调查获取研究资料的主要来源。依据调查对象的不同，可以将社会调查划分为普遍调查、典型调查、个案调查、重点调查、抽样调查等不同类型。其中，抽样调查是组织最为严谨的一种调查方式，也是目前发展最为迅速、未来应用最为广泛的一种社会调查类型。由于抽样就是选择观察对象的过程，即如何通过选择一小部分人进行研究，并将结论推及到千百万未被研究的人，这样更有利于在较短时间内高效率地全面掌握社会问题或现象的本质内涵。

一、普遍调查

普遍调查（General Research）简称普查，就是为了掌握被调查对象的总体状况，针对调查对象的全部单位逐个进行调查，也称之为全面调查或整体调查。普查是全面了解社会情况的重要方法，如全国人口普查、全国经济普查等。对于一个国家而言，普查一般都是对某些重大国情、国力的项目进行的调查；对于一个地区或城市而言，普查是正确认识本部门、本地区、本单位的基本情况，科学制定发展规划的重要方法，如城市总体规划编制。

（一）普查的方式

普查包括两种方式，一种是填写报表，即由上级部门制定普查表，由下级单位根据已经掌握的资料进行填报，如国家统计部门每年进行的国民经济和社会发展状况普查；另一种方式是直接登记，即组织专门普查机构，派出调查人员，对调查对象进行直接登记，如全国人口普查和工业普查等（图2-10）。

城市总体规划的社会调查和基础资料收集工作可以结合上述两种方式进行，在现场踏勘调研之前，将需要调查的有关数据、统计表格及其他资料清单提供给当地政府相关部门，由当地政府根据要求填报有关调查资料，初步完成该项任务之后，规划设计单位再派出规划人员亲自赴现场踏勘，并根据收集到的资料情况进行有针对性的社会调查。

（二）普查的程序

普查程序可以划分为准备工作、调查登记、汇总整理、统计分析、社会公布等几个不同阶段。其中，调查登记环节最为关键，直接关系到普查的成败和效果，具体做法包括普查登记、复查核实、普查质量的抽样检查、数据汇总、编码、建数据库等内容。例如，复查核实是指对于登记中出现的错误，由调查员根据专门编制的检查细则分组、分类复查，或者采用群众审查或讨论的办法，发现并予以纠正；抽样检查是指在每个普查区随机抽取一定比例的调查对象作为样本进行核查。

（三）普查的特点

普遍调查的优点是所搜集的调查范围广，调查对象多，调查资料全面，资料标准化程度和准确性较高，调查误差最小，调查的结论普遍性较强。其缺点表现为工作量大，调查成本和代价较高，组织工作比较复杂，且时效性较弱，即对某种社会现象在一定时点上的总量和结构状况的调查。同时，由于调查内容受限，普查只能调查最基本、最重要的项目，很难对有关问题进行深入研究。所以，城市总体规划社会调查要结合其他方式同时进行，既做到对城市发展与建设的全面了解，又能够把握好重点方向。

图2-10 全国人口普查案例

二、典型调查

典型调查（Typical Research）是在对调查对象进行了初步分析的基础上，从调查对象中恰当选择具有代表性的单位作为典型，并通过对典型进行周密系统的社会调查来认识同类社会现象的本质及其发展规律的方法。所以，毛泽东将典型调查称之为"解剖麻雀"的方法。例如，马克思以英国为典型揭示了资本主义社会的一般规律。目前，典型调查方式在城市规划理论研究和实践工作中应用较为广泛。

（一）典型调查的步骤

典型调查流程包括初步研究、选择典型、深入调查、适当推论等几个步骤。

（1）相对于普查，典型调查需要对调查总体进行面上的初步研究，通过查找文献资料、讨论汇报、实地观察等手段，对所要调查的事物进行粗略分析，以备选择典型开展调查。

（2）选择典型调查对象很关键，这将需要对研究对象进行科学分类，从每组别中确定最具有代表性的单位进行调查。例如，在一项城市老龄化社区的调查研究中，首先需要对不同城区区位的老龄化社区进行分类，这样才能够选择典型性社区开展深入调研（图2–11）。

（3）根据调查目的，设计出详尽和操作性较强的调查提纲、调查表格或调查问卷，深入社会实际及典型单位，通过采取实地观察、访问调查、集体访谈等具体方法进行调查。

（4）对社会调查资料进行细致的整理分析和理论分析，适当地作出总结和推论。

（二）典型调查的特点

典型调查的优点包括获取的资料较为丰富，属于真实可靠的第一手资料，调查相对深入，与分析研究相结合，调查成本较低，适应性较强。所以，在城市规划领域内典型调查应用较为广泛，也包括高等院校城市规划专业所开展的大学生城市社会调研工作。

典型调查的缺点表现为调查资料的可靠性受到调查者的主观意志制约，进而影响到调查结论的客观公正；调查对象的代表性比较有限，典型单元的选择与之相关；调查结论的普遍意义和特殊意义的适用范围难以科学、准确地界定；调查分析以定性为主，难以进行总体的定量研究。

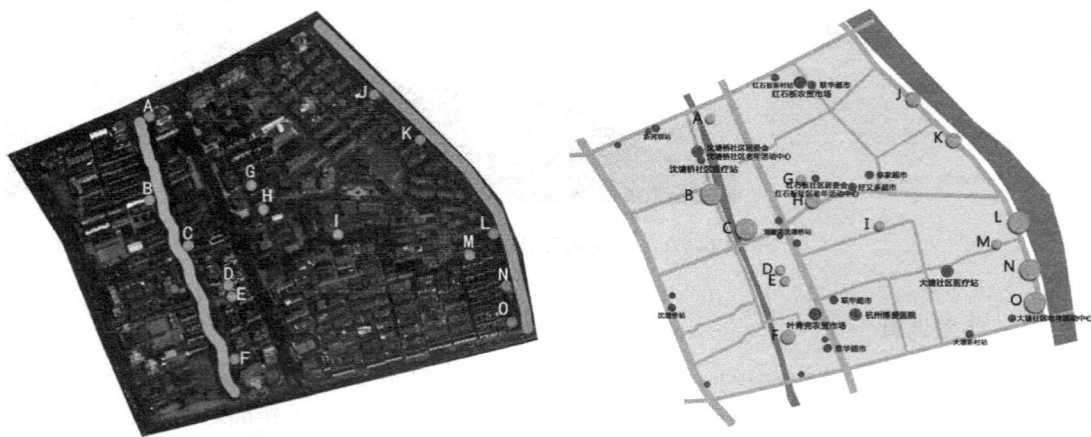

图2–11　一项关于老龄化社区调研的典型区域选择

资料来源：范琪，叶恺妮等."绿绿有为，老有所依"——杭州市老龄化社区绿地公园使用情况调研[R].杭州：浙江工业大学，2011

三、个案与重点调查

个案（Individual Cases）指的是一个具体的案例，既可以是一个人、一个群体、一个社区，也可以是一个事件、一个过程，或者社会生活中的一个单位。个案调查是指为了解决某一个具体问题，对特定的个别对象所进行的调查，通过较为详尽地了解个案的特殊情况，以及它与社会其他各方面的错综复杂的影响和关系，进而提出有针对性的解决对策。

重点调查（Pivotal Research）是对某种社会现象比较集中的、对全局具有决定性作用的一个或多个重点单位所进行的调查。重点调查需要调查的单位不多，调查成本不大，却能够了解到对全局具有决定性影响的基本情况。例如，为了解全国城市规划专业教育的发展水平，只需要对同济大学、清华大学、东南大学、重庆大学、天津大学等高校进行重点调查即可。

（一）个案调查的步骤

个案调查基本包括确定个案、联系调查对象、收集资料、分析研究等几个方面内容。

（1）根据课题的研究目的及调查者的具体条件来确定个案。无论是熟悉的个案还是相对陌生的个案，都需要调查者持客观评价的态度介入调查，否则将会有某些特定的看法影响到研究的结论。

（2）要与研究对象建立良好的信任关系。个案调查不仅受调查者个人因素的影响，也将会受到调查者与被调查者相互关系的制约。所以，在调查过程中，要根据两者的相互关系来确定具体的调查问题和方法。

（3）在收集资料时应当注意，要尽可能全面地收集与个案有关的各种资料，包括著作、日记、信函、报刊、会议记录、档案、地方志等，以及能够用来说明被调查者的个性特征和行为方式的一切资料，其目的要着眼于事物及现象之间的因果关系。

（4）对收集到的资料进行整理、分析和研究，为解决实际问题做准备或提出解决对策，在理论建构方面要尽量用第三者的眼光去观察和分析。

（二）个案调查的特点

①个案调查要求对特定的调查对象的调查研究较为具体、深入和细致，既要在纵向上对调查对象作出历史脉络的研究，也要在现状上深入地把握个案的全貌，由此掌握事物发展变化的一般规律。②个案调查在调查时间、活动安排等方面具有一定的弹性，研究中可以采取的方法也比较多种多样，例如观察、访问、文献等调查方式，可以灵活地掌握和运用。③个案调查对社会现象的考察具有很高的深度和扎实性，尽管探讨范围比较狭窄，但调查相对透彻，资料极为丰富，并可以用来弥补定量分析研究的不足。

个案调查方式适用于社会、经济活动的调查，尤其是应用于对各种社会经济现象的探索性研究中。例如，城市建设项目的个案调查、老年人社区的个案研究、大学毕业生聚集区的个案调查等。同时，个案调查还广泛应用于各种城市社会问题的专门性研究中，如城市贫困现象、城市犯罪活动、城市交通事故等问题，从而有利于提出相应的解决对策，维护城市社会的安定团结。

（三）重点调查、个案调查、典型调查的区别

三者的调查对象均是一个或者几个单位，具有一定的共同之处。三者的区别在于：①典型调查是选择同类事物中具有代表性的单位，重点调查是选择同类事物中具有集中性的单位，个案调查则是特定的、不可替代的，不存在选择问题。②典型调查的目的是认识同类事物的本质及其发展规律，属于定性调查；重点调查是对某种社会现象总体的数量作出基本估计，主要是定量调查；个案调查在一般情况下都是就事论事，要解决特定的具体社会问题，不存在探索规律，属于定性或定量调查。③典型调查和个案调查只能是面对面直接的和个别的调查，而重点调查可以是直接调查，也可以是通过电话、问卷、表格等方式进行间接调查。

四、抽样调查

抽样就是选择观察对象的过程。尽管所有选择观察对象——比如，在繁忙的街道上，每隔10人就访问1个——的过程都可以称之为抽样，但是如果想从样本推论到更大的总体，就需要概率抽样，这就涉及随机抽样的概念。

（一）概率抽样

概率抽样又称之为随机抽样，是指以概率论原理为基础，按随机原则抽取样本的抽样方法。所谓随机原则即机会均等原则，即抽样框中每一个抽样单位都有被抽取的同等可能性。但在现实操作中，仍然会存在着有意识和无意识的抽样误差。例如，如果你要选出100位大学生的样本，你可能就是到校园里绕一圈，访问你遇到的10名学生，但这些样本能否真正代表着总体？假如离调查者最近的10人中碰巧有70%的女性，或者30%的高年级学生，而总体中女性和高年级学生均占50%，这样就不可避免地会产生抽样误差。所以，这就需要采用一定的技术方法尽量避免这种误差，使得样本能够尽可能地代表总体。

简单随机抽样是社会研究进行统计估计时经常使用的最基本抽样方法，其对总体单位不做任何人为的分类、组合，而是按照随机原则直接抽取样本，如抽签或抓阄法。简单随机抽样通常会采用随机数表法，其中，随机数表是由一些任意的数字毫无规律地排列而成的数字表，每一个数字号码在表上出现的机会在长时间内平均起来都是一样的，而且它们在表中出现时也没有循环性。例如，当你建立了合适的抽样框后，首先要对名册中的每一个要素编制一个号码，然后利用随机数表来选择要素。

系统随机抽样是系统化地选择完整名单中的每第 K 个要素组成样本。如果名册包含10000个要素，而你们需要1000个样本时，你们选择每第10个要素作为样本。其中，必须以随机的方式选择第一个要素。当然，系统抽样也会存在误差，例如，假设我们想在一栋公寓建筑物内选择公寓样本，如果样本是从每个公寓的编码（如101、102、103、104、

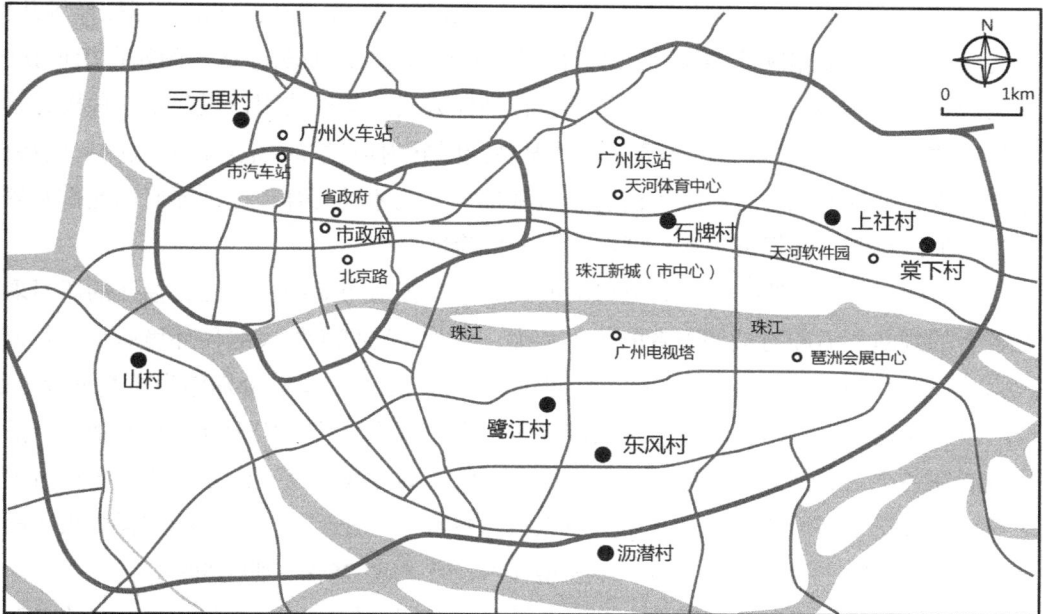

图2-12　广州市"城中村"的随机等距抽样（与市中心距离）

资料来源：李志刚，刘晔.中国城市"新移民"社会网络与空间分异[J].地理学报，2011，66（6）：785-795

201、202 等等）中抽出的话，那么所使用的抽样间隔，可能刚好等于每层楼的户数或是每层楼户数的倍数，如此选择的样本有可能都是属于西北角的公寓或接近电梯的公寓。

类型随机抽样又称为分层随机抽样，就是先将总体各单位按一定标准分成若干类型或层次，然后按照各类型或层次所包含的抽样单位数与总体单位数的比例，确定从各类型中抽取样本单位的数量，最后按照简单随机抽样或系统抽样方法从各类型或各层次中抽取样本。例如，要对某大学的学生进行分层抽样，就必须先将所有学生按年级加以分类，然后再分别从一年级、二年级、三年级和四年级的学生中，各抽出适当数量的要素组成样本。类型抽样可以确保总体内同质的次级集合会被抽出适当数量的要素，而不是直接随意地由总体中抽出样本。

整群随机抽样是先将总体各单位按一定标准分成许多小的群体，并将每一个小群体看作一个抽样单位，然后按照随机原则从这些小群体中抽出若干个小群体作为样本，最后对样本小群体中的每一个单位逐个进行调查。例如，假设某个城市共有 80 个社区，每个社区 300 户家庭，总共就有 24000 户家庭，现在要采取整群随机抽样方法抽取 2700 户家庭进行调查，就不是直接去抽取一户户家庭，而是采用简单随机抽样、系统抽样或类型抽样的方式，从 80 个社区中抽取 9 个社区作为调查样本 (图 2-12)。

（二）非概率抽样

在社会调查研究中，经常会遇到无法选择概率样本的情况，如果研究无家可归者，不但没有一份所有无家可归者的现成名单，也不可能造一份这样的名册，由此我们就需要采用非概率抽样的方法。非概率抽样包括就近抽样、判断抽样、配额抽样和滚雪球抽样等几种。

就近抽样是指根据现实情况使用对自己最为方便的方式抽取样本，例如在街道拐角，或者其他场所拦下路人做访问工作。虽然该种抽样方式经常被使用，但却是一种极为冒险的抽样方式。只有在研究的目的是要了解在某特定时间内通过抽样地点的路人的一些特征，或采取更少冒险性的抽样方法不可能时，这种抽样方式才具有合理性，即使如此也必须在做推论时加以小心，并提醒读者注意该方法的危险性。

判断抽样是指依据调查者对研究目的的判断来选择适当的抽样方法。抽样的质量取决于调查者的判断能力和对被调查者的了解程度。例如，对城市居民居住环境质量进行调查时，可以根据经验判断选择若干的大户型、中户型、小户型及别墅等分别作为样本进行考察。

配额抽样是指先根据总体各个组成部分所包含的抽样单位的比例分配样本数额，然后由调查者在各个组成部分内根据配额的多少采用就近抽样或判断抽样方法抽取样本。例如，在对城市居民居住环境质量的调查中，可以根据各种户型比例情况，在确定样本大小时加乘相应的比例数字，如大户型 12%、中户型 45%、小户型 35%、别墅 8% 等。

滚雪球抽样是指每个被访问的人都可能被要求介绍其他的人来参与访谈，最终达到调查目的。例如，针对无家可归者、外来流动人口及非法移民等样本比较适用。该种方法是由于对调查总体情况不甚了解，无法采用其他方法抽取样本，其抽样程序要先收集目标群体少数成员的资料，然后再向这些成员询问有关信息，找出他们认识的其他总体成员。该种调查方法通常用于探索性研究，例如研究一个组织松散的政治团体时，可以向一位组织成员询问，他认为谁是组织中较有影响力的人，再对这些人进行访问，询问他们认为谁最有影响力。

（三）抽样调查的特点

抽样调查的主要特征表现为：①调查对象仅为样本的一部分单位，非全部单位，也非个别或少数单位；②调查样本按照随机原则抽取，非由调查者主观确定；③调查目的是为了从数量上推断总体、说明总体，非为了说明样本本身；④调查误差可以计算，调查误差范围可以控制。

抽样调查的优点包括抽取样本客观，代表性强；有利于对总体进行定量研究，推断总体比较准确；调查成本低、效率高；应用范围较为广泛。其缺点则是宜于开展定量研究而不宜于开展定性研究；对于调查总体尚不清楚的调查对象，很难进行抽样调查；由于抽样调查的样本单位较多，调查的广度和深度受到很大局限；数学方法的运用对调查者的能力要求较高。

第三章

资料收集

　　当明白了研究的目的、研究的对象以及研究的概念与指标以后，我们就需要进入正式的调查进程，首先面临的问题将是如何进行资料的收集，特别是在信息化时代的今天，我们怎样才能够顺利地获取到第一手或第二手调查资料呢？

第一节　文献调查法和实地观察法

一、文献调查法

（一）文献调查法概述与主要类型

"文献"是指记录有关知识的一切载体，是指把人类知识用文字、图形、符号、音频和视频等手段记录下来的所有资料，包括图书、报刊、学位论文、档案、科研报告等书面印刷品，也包括文物、影片、录音、录像、幻灯等实物形态的各种材料，以及存储在磁盘、光盘和其他电子形态的数据资料等。

城市规划虽然是对未来的预先性安排，但预测和规划布局的基础是尊重历史和遵循内在规律，对于城市发展和社会变迁轨迹的研究，是深入了解区域发展机制和规律的必要前提。但由于区域或城市的发展经历的时间很长，从现状中无法获取过去长时期的数据和资料，因此，文献调查在此过程中就显得十分重要，每个城市在不同发展领域都有相应的历史资料的积累，如城建档案、统计数据、户籍档案等等，同过不同部门和类型的历史资料分析，能梳理出该区域或城市客观和详细的发展线索。另一方面，在某区域或城市的不同发展时期，都有学者或媒体从不同角度，在不同方面做过研究或报道，他们的研究成果是加工过的信息，对于深入了解该区域或城市的发展背景也很有帮助。

文献调查法是一种既古老又富有生命力的社会调查方法，是社会调查研究中收集资料的基本方法之一。文献调查法是指根据一定的调查目的而进行的收集、鉴别、整理文献资料，储存和传递与调查课题相关的信息，并通过对文献的研究形成对事实的科学认识，从而了解调查对象的事实，探索调查课题的方法。文献调查法不与调查对象直接打交道，而是间接地通过查阅各种文献获得信息，一般又称为"非接触性方法"。

文献调查依据的是文献资料。文献资料的种类繁多，常用的分类方法有以下几种。

（1）文献资料根据存在形式的不同，可以分为文字文献资料、数字文献资料、音像文献资料、机读文献资料、缩微型文献资料、卫星文献资料等。

文字文献资料是以纸为媒介，用文字表达内容，通过铅印、油印和胶印等方式记录、保存信息的文献。它是应用最广泛的文献形式，是信息的主要载体，它包括：出版物，如报纸、杂志、书籍等；档案，如会议记录、备忘录、大事记等案卷；个人文献，如笔记、日记、供词、自传、信件等。城市空间社会调查中常用到的专业资料包括调查内容涉及领域的著作、相关的报纸报道、杂志文章，以及重要办公会议和规划评审会议的会议记录等（图3-1）。

数字文献资料，或称统计文献资料，是指用数据、表格等形式记载的资料。包括统计报表、统计年鉴等。这一类文献资料在文献调查中正在发挥越来越重要的作用。城市空间社会调查中常用到的数字文献资料主要包括有相关社会经济统计数据的各类年鉴，如城市统计年鉴、国土统计年鉴、城市建设统计年鉴等（图3-2）。

城市规划控制绩效的时空演化及其机理探析*
——以北京1958-2004年间五次总体规划为例
RESEARCH ON SPATIAL-TEMPORAL EVOLUTION AND ITS MECHANISMS FOR URBAN PLANNING CONTROL PERFORMANCE: A CASE STUDY ON FIVE MASTER PLANS OF BEIJING DURING 1958-2004

吴一洲　吴次芳　李　波　罗文斌
WU Yizhou; WU Cifang; LI Bo; LUO Wenbin

【摘要】城市规划作为引导和控制城市开发建设的重要公共政策，在不同历史阶段和社会经济背景下，规划控制绩效的差异及其产生的内在机理是很不同的。本文通过整合遥感解译、景观矩阵、规划控制指数和规划制定逻辑等分析方法来构建一个分析框架，对1978-2006年北京城市空间形态的时空演化特征、1958-2004年间五次规划的控制绩效，以及这五次规划制定逻辑演变的过程进行分析。在此基础上，从城市功能布局、空间结构、规模决策、开发主体转移等方面探讨了不同时期对规划控制绩效差异的内在机理。通过历史视角对规划运行效率和机制的探讨，旨在为未来规划与决策机制的优化提供借鉴与参考。

【关键词】城市规划；控制绩效；时空演化；机理

ABSTRACT: Urban planning is an important public policy relating to a city's development and construction. At different historical stages and under various social economic backgrounds, the control performances of urban planning indicate different characteristics and mechanisms. Thus paper establishes a framework for analyzing the spatial planning performance by integrating remote sensing decipherment, landscape matrix, planning control index, and planning decision logic. Via this framework, the paper analyzes the spatial-temporal evolution characteristics of Beijing's urban spatial form during 1978-2006, the control performances of planning during 1958-2004, and the evolution process of planning logics. The paper also discusses the internal mechanisms forming the differences in planning performance at different historical stages based on the analysis of urban designated function, urban spatial structure, urban size decision-making, developing model, and the change of multi-stakeholders. The purpose of this paper is to provide reference for improving decision-making mechanism in future urban planning.

KEYWORDS: urban planning; control performance; spatial-temporal evolution; mechanism

1 引言：空间规划与现实发展的控制悖论

空间规划是城市建设管理的重要依据，因而城市的土地开发行为应遵产格遵循土地利用规划予以实施。但城市发展的复杂性使得规划在现实实施过程中会出现许多不确定因素(Hopkins, 2001)。1978年改革开放以来，中国的城市经济进入了快速发展轨道，城市土地开发与城市扩张的动力机制也相应地发生了改变，其主要表现动力为全球化、城市化和工业化(Chow, 2007; Zhao et al., 2009)。城市规划的制定和管理部门由于缺乏在新社会经济环境下的经验，使得中国城市空间规划滞后于城市实际发展(Cheng et al., 2006)。

国外的研究已经分别以土地变化(Millward, 2006; Wassmer, 2006)、建筑数量(Weitz and Moore, 1998)、建设许可数量(Tang et al., 2007)等方面探讨了不同地区"绿带"和城市增长边界(UGB)对城市扩张的控制效果，而对于城市蔓延现象的原因分析，则主要从物质空间视角进行解释(Turner, 2007)。如低密度居住、低密度人口分布、交通基础建设、郊区商业、视阈和灯光分布等等。国内研究方面：韩昊英等(Han et al., 2009)利用遥感影像解译了

* 国家自然科学基金资助项目(51190405, 41101568)，浙江省哲学社会科学规划课题(12JCGL07N)，教育部人文社会科学青年基金项目(12YJC630134)，浙江工业大学自然科学研究基金项目(2012X2005)，浙江工业大学人文社会科学研究中心资助项目。

【作者简介】
吴一洲(1981-)，男，博士，浙江工业大学城乡发展与人居环境设计研究中心、建筑工程学院城市规划系。
吴次芳(1954-)，男，教授，博士生导师，浙江大学公共管理学院副院长，土地科学与不动产研究所。
李　波(1983-)，男，博士，浙江省农业与农村工作办公室政策研究处。
罗文斌(1982-)，男，博士，讲师，湖南师范大学应用研究所。

【文章编号】1002-1329(2013)07-0033-09
【中图分类号】TU684.7
【文献标识码】A

【修改日期】2013-06-12

图3-1　期刊与报纸是最常见的文献资料

图3-2　统计年鉴中有丰富的官方数据

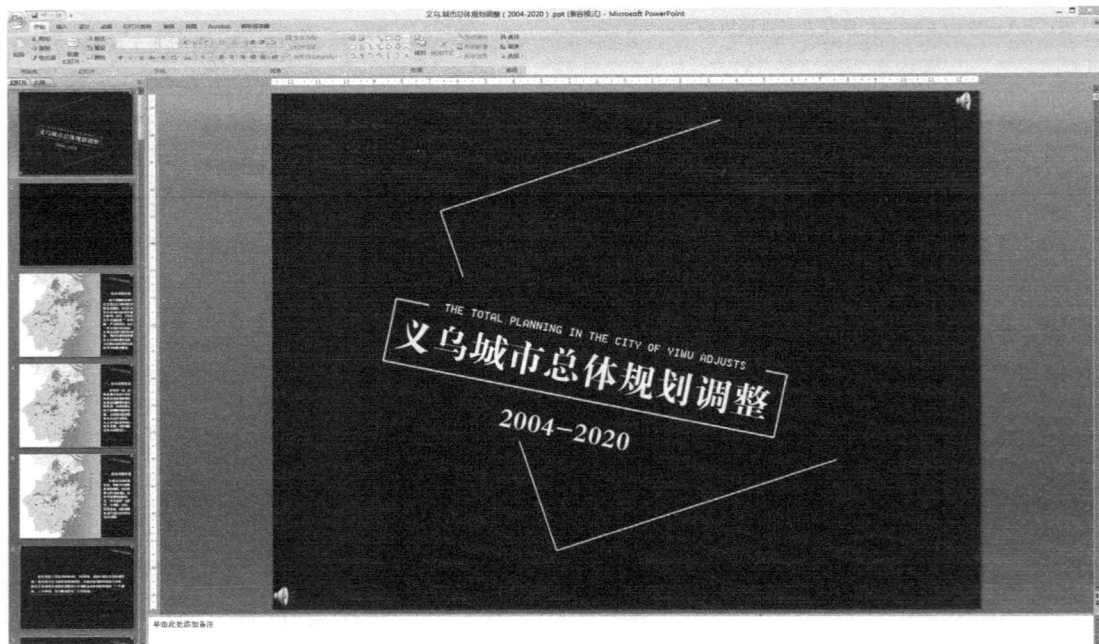

图3-3　很多城市规划都有相应的多媒体（或PPT）介绍资料

　　音像文献资料是以音频、图像、视频形式反映一定社会现象的文献资料，主要有图片、照片、胶片、唱片、录音、电影、电视、录像、幻灯等，这类文献资料形象直观，易于传播，在新闻调查、案件调查等特殊的社会调查中具有较重要的作用。城市空间社会调查中常用到的音像文献资料包括该区域的历史纪录片、历史照片和采访录音等（图3-3）。

　　机读文献资料是以磁盘、光盘为媒介的"电子出版物"，就是将文字、声音、图像、动画等信息数字化后存储于光盘或磁盘上，借助于计算机（或其他电子设备）以及专用软件来读取的"出版物"。这类文献资料存储密度高，易于复制，而且检索速度快，极大地增加了出版物的信息容量，提高了文献调查的效率和文献资料的利用率，它将成为文献调查中日益重要的途径。一般在城市空间社会调查中，用到的地形图等保密性资料都采用光盘和磁盘的形式进行储存。

　　卫星文献资料是卫星或其他宇宙飞行器对地球表面扫描拍摄的图像和数据的复制件。在城市空间社会调查中，常常利用不同时期拍摄的卫片来分析该区域的发展演化历史过程，或通过卫片进行现状情况的辅助调查（图3-4）。

　　（2）根据加工程度的不同，文献资料主要分为原始文献资料和次级文献资料。

　　原始文献资料指未经加工的最原始文献或者仅在描述性水平上整理加工的资料，如未经发表的书信、笔记、日记、手稿、讨论稿、草案和原始记载、实验记录、会议记录、谈话记录、观察记录、档案、统计报表等。它是没有经过中介的第一手文献，往往是由社会事件或行为的直接参与者撰写的第一手资料，或见证者的直接叙述（图3-5）。

图3-4　遥感图是常用的卫星文献资料

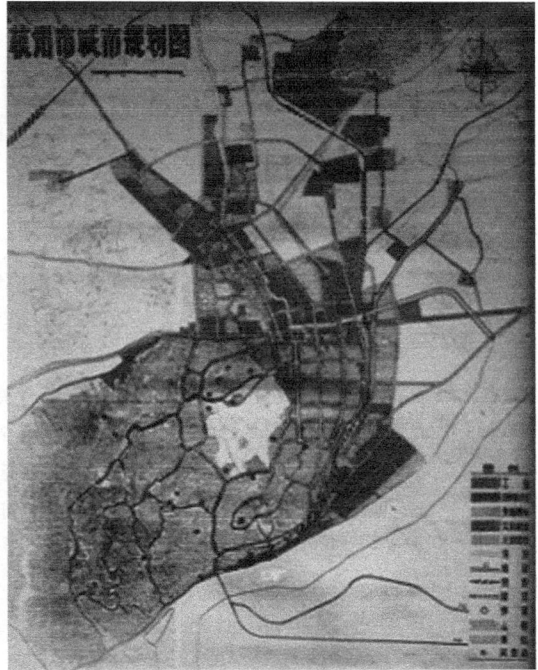

图3-5　杭州规划的馆藏规划资料

第 25 卷　第 4 期　　　　　　　中 国 土 地 科 学　　　　　　　Vol.25 No.4
2011 年 4 月　　　　　　　　　China Land Science　　　　　　　Apr.,2011

国内外土地整理项目评价研究进展

罗文斌[1,2]，吴次芳[2]，吴一洲[2]

（1. 湖南师范大学旅游学院，湖南 长沙 410081；2. 浙江大学公共管理学院，浙江 杭州 310029）

摘要：研究目的：通过查阅国内外文献，对土地整理评价的相关研究进展进行详尽梳理，指明土地整理项目评价需进一步深入研究的方向。研究方法：文献综述法，归纳分析法。研究结果：(1)国内外土地整理项目评价研究取得了丰硕的成果，但已有研究较多关注评价指标构建及评价数值的获取，而较少涉及评价结果的影响机理以及改善对策等的内容；(2)国内土地整理项目评价中绩效理念尚未植入，多项目评价的比较研究缺乏。研究结论：今后国内土地整理项目评价研究应注重比较研究方法的应用，围绕绩效评价、影响机理与改善对策、质量控制以及评价管理等主题继续完善和深化。
关键词：土地整理；土地整理项目评价；国内外；文献综述
中图分类号：F301.2　　　　　　　文献标识码：A　　　　　　文章编号：1001-8158(2010)04-0090-07

图3-6　综述类文献就是典型的次级文献资料

　　次级文献资料是指研究者根据一定的研究目的系统整理过的资料。如综述、述评、文摘、年鉴、辞典、动态、百科全书等，它往往不是事件的直接参与者撰写的，其资料或者来自于原始资料，或者来自于他人的研究成果。有的资料几经转引，常常已经是第二手、第三手资料了（图3-6）。

湖南省城乡规划委员会文件

湘规委〔2006〕2 号

**关于印发《湖南省城乡规划委员会
2006 年工作计划》的通知**

各市州人民政府，省政府各厅委、各直属机构：

《湖南省城乡规划委员会 2006 年工作计划》经 2006 年 1 月
26 日召开的湖南省城乡规划委员会第一次全体委员会议审议通
过，并报省人民政府同意，现印发给你们，请遵照执行。

二〇〇六年三月十七日

抄送：省规委主任、副主任、各位委员，各市州规划局、建
　　　设局（建委）

湖南省城乡规划委员会办公室　　　2006 年 4 月 3 日印发

图3-7　政府工作计划中指明了城市近期的发展重点与趋势

由于原始资料常常难以找到，因此在文献调查中往往依赖次级资料，这虽然比较方便，
也可以加快研究速度，但是有的次级资料由于几经转手，可能会掺杂前面的文献加工者对
一次文献的主观看法，所以其可靠程度有所下降。因此，在充分利用次级文献资料的过程
中，还应重视原始文献资料的收集和利用，如果必要，还应通过实地调查来收集资料，提
高资料的可信度。

（3）依据公开化程度及来源的不同，可将文献资料分为正式的文献资料和非正式文献
资料。

正式文献是指国家颁布的法规政策，各级行政部门、学校等制定或发布的工作计划、
工作总结、指示、命令等，还包括已出版或发表的著作、报刊、年鉴、统计资料、学术论
文、研究报告等（图 3-7）。

非正式文献则是指未正式出版的各种著作、论文、报告、计划，以及未出版发表的调
查资料、统计资料等。

（二）收集文献的方法和途径

文献调查，一般是从收集文献开始的。因此，要进行文献调查，必须掌握收集文献的

图3-8　在学校的期刊室需要进行手工检索

方法和途径。要收集文献，先要查找文献。从我国目前图书情报工作的实际状况看，查找文献资料主要有两种方法。

1.检索工具查找法，即利用已有的检索工具查找文献资料的方法

文献检索工具是指用以积累和查找文献线索的工具。它可分为两大类：

（1）手工检索工具。手工检索通常是根据文献的外表特征和内容特征，利用目录、索引、文摘等检索工具来查找和获得所需要的文献的方法。文献外表特征包括作者名、书名（或论文名）、代码；内容特征又包括分类体系、主题词。文献的这5个特征构成了文献检索的五条途径。手工检索主要是通过检索工具完成，检索工具包括书目、文摘、索引、参考工具书、国内外杂志期刊等（图3-8）。

（2）计算机检索。随着信息技术的迅速发展，计算机检索已经成为一种新型的文献检索工具。计算机检索由于搜索范围不受限制，可以随时查阅所需的文献，而且速度快，正在逐步取代传统的书本式检索工具、卡片目录等方式。许多大型的综合性图书馆都建立起计算机文献检索系统，并提供信息服务。研究者可以通过计算机网络检索信息或通过下载、拷贝、打印等方式保存文献（图3-9）。

利用计算机网络检索信息是目前效率最高成本最小的文献资料收集方式。计算机网络是以共享资源为主要目的而连接起来的若干计算机系统的集合。检索的基本步骤如下（图3-10）：

第一步，确定需要检索的问题和范围，在检索的过程中可以根据实际情况进行调整，

图3-9　"知网"是收录国内论文较全面的检索网站之一

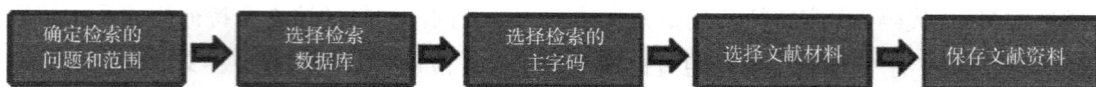

图3-10　计算机检索的流程图

如果检索到的文献资料过多，则可以缩小检索的范围，反之则扩大范围（图3-11）。如调查某区域的产业变化情况，既可以输入详细的产业名称，如"金融业"，也可以扩大范围检索"服务业"，或更大范围搜索"产业"。

　　第二步，选择要检索的数据库，在查询的过程中，可能会有多个数据库可以使用（图3-12）。在进行选择时，要考虑资料的权威性、新颖性等。如果是和城市发展和规划相关的调研内容，建议优先参考《城市发展研究》、《城市》（Cities）、《城市规划》、《城市规划学刊》、《规划师》等国内外城市规划相关的权威和核心期刊上的文献。

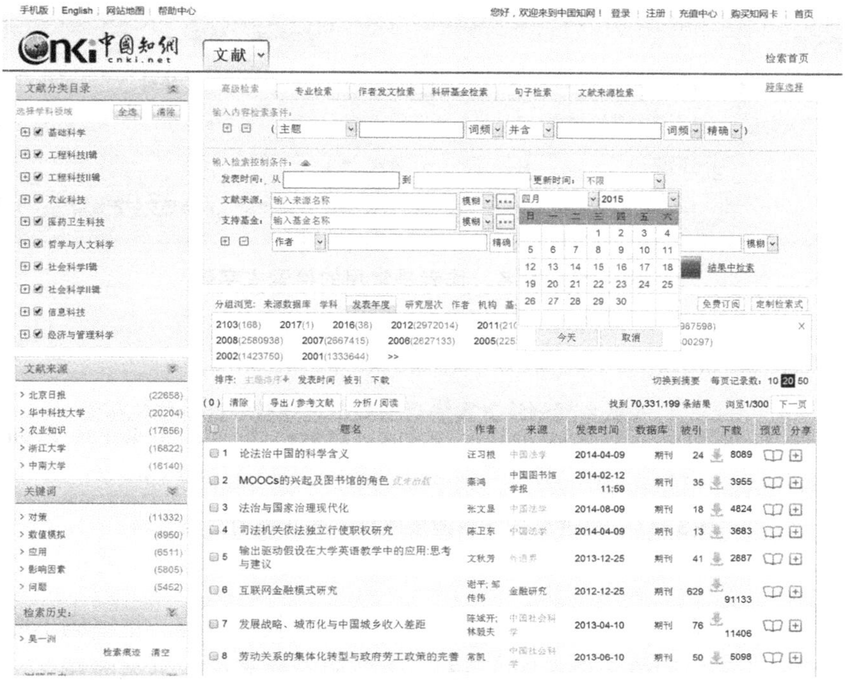

图3-11 可以设定时间跨度或者是文献来源等

选库 ☑	各类文献数据库名称 （点击进入单库检索）	文献出版来源
☑	中国学术期刊网络出版总库	正式出版的7744种学术期刊
☐	中国学术期刊网络出版总库(特刊)	正式出版的1072种学术期刊
☐	中国学术辑刊全文数据库	正式出版的246种学术辑刊
☑	中国博士学位论文全文数据库	402家博士培养单位
☐	中国博士学位论文全文数据库(特刊)	223家博士培养单位
☑	中国优秀硕士学位论文全文数据库	612家硕士培养单位
☐	中国优秀硕士学位论文全文数据库(特刊)	315家硕士培养单位
☐	中国优秀硕士学位论文全文数据库_增刊	297家硕士培养单位
☑	中国重要会议论文全文数据库	全国1790家单位主办的 17600个国际、国内学术会议

图3-12 有多个数据库可供选择

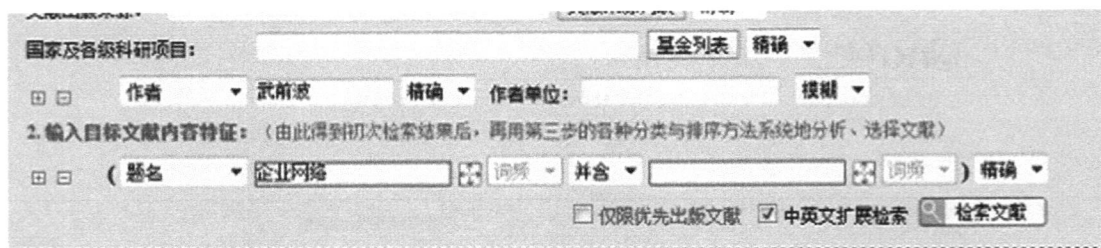

图3-13　题名、作者是常用的检索主字码

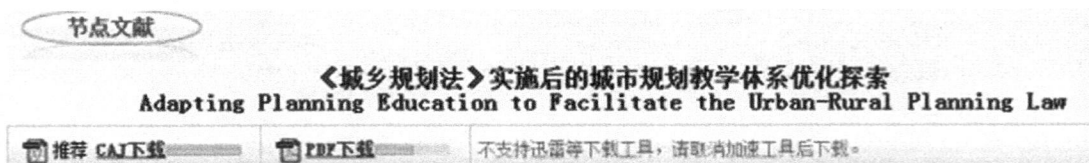

图3-14　通过点击下载链接即可下载选择的文献资料

第三步，选择用来检索的主字码。主字码就是要查找的内容。主字码不能随意确定，要选用检索系统认可的词或短语（图3-13）。主字码有作者名、书名或篇名、关键词等，其中关键词检索最为常见和便捷。关键词的选择对搜索的结果有着决定性的影响，过于宽泛和精确搜索不一定有好的搜索结果，需要经过多次试验，不断扩大和缩小范围进行考量，此外，优先搜索相关领域专家的研究成果，长期致力于该领域的专家往往有着更为深入和全面的研究成果。

第四步，选择材料。通过主字码检索，可以查询到相关参考文献的数目，通过参考文献刊登的期刊的权威性、发表日期等信息或调整主字码的方法筛选文献信息。搜索文献的同时，也要关注文献的出版日期，要根据具体的研究需要来选择文献，如对历史线索的分析要最大限度地收集相对完整时间序列的文献，最好能涵盖需要研究的整个年份跨度。

最后，保存文献资料。通过下载、复制或打印等方式保存文献（图3-14）。

2. 另一种查找文献的方法，是参考文献查找法，也叫追溯查找法

即利用著作者本人在文章、专著的末尾所开列的参考文献目录，或者是文章，专著中所提到的文献名目，追踪查找有关文献资料的方法（图3-15）。具体做法是，从已经掌握的文献资料开始，根据文献中所开列的参考文献和所提到的文献名目，直接去查找较早一些的文献，再利用较早文献中所开列的参考文献和提到的文献名目，去查找更早一些的文献。如此一步一步地向前追溯，直到查找出比较完整的文献资料为止。

利用参考文献法查找文献，不如检索工具查找法所得的文献全面和广泛，但它查找的文献比较集中，效率也相对高一些，同时，与检索工具查找法相比，参考文献查找法更能及时地捕捉到最新的研究成果。这是因为，相对于一次文献而言，任何检索工具总具有一定的滞后性。因此，载有最新研究成果的文献资料往往很难及时地在检索工具书中找到。

参考文献(References)

1　Cheng J Q, Turkstra J, Peng M J, et al. Urban Land Administration and Planning in China: Opportunities and Constraints of Spatial Data Models [J]. Land Use Policy, 2006, 23(4): 604-616.

2　Chow G C. China′s Economic Transformation [M].2nd ed.London: Blackwell Publishing Ltd., 2007.

3　Han H, Lai S K, Dang A R, et al.Effectiveness of Urban Construction Boundaries in Beijing: An Assessment [J]. Journal of Zhejiang University Science A, 2009,10(9): 1285-1295.

4　Hopkins L D. Urban Development: The Logic of Making Plans[M]. Washington DC: Island Press, 2001.

5　Hsing Y. Land and Territorial Politics in Urban China[J]. The China Quarterly, 2006, 187: 575-591.

6　Huang S L, Wang S H, William W B. Sprawl in Taipei′s Peri-Urban Zone: Responses to Spatial Planning and Implications for Adapting Global Environmental Change [J]. Landscape and Urban Planning, 2009, 90(1): 20-32.

图3-15　参考文献往往包含着与该主题密切相关的其他论文信息

在文献调查过程中，人们往往将检索工具查找法和参考文献查找法结合起来，交替使用。

查找文献是为了收集文献。采用检索工具法或参考文献法查找到与调查课题有关的文献名目以后，就应针对文献的不同类型和出版、收藏情况，采取不同的方法搜集文献。对于不公开出版发行而又密级不高的一些内部资料，可采取直接向有关单位索取的方式搜集，对于公开出版并正在市面上流通的各种书籍、刊物等文献，在调查经费许可的条件下，可采取购买的方法搜集，对于科学研究单位以及党政有关部门的文献资料，一般可采取借阅的方式收集。在实际的文献调查中，索取、交换、购买、复制等途径，往往受到许多条件的限制，唯有借阅是最常用的一种收集文献的途径。

（三）文献调查的主要步骤

1. 文献调查的过程

文献调查大致可以分为 3 个环节：文献收集、文献鉴别、文献整合。

1）文献收集

要想在大量的文献资料中收集到有用的文献，研究者要做到三点：首先，要掌握文献

2000_2003年杭州城市建设用地增量空间分布研究_何洪杭.caj 类型：CAJ文件	修改日期：2015/3/30 16:16 大小：6.07 MB
SLEUTH模型支持下的城市扩展方案模拟与评估_刘勇.pdf	修改日期：2015/3/8 23:06 大小：228 KB
城市扩张的空间模式研究_以杭州市为例_岳文泽.pdf	修改日期：2015/3/8 23:03 大小：2.44 MB
城市闲置土地的分布特征与形成机理研究_叶晓敏.caj 类型：CAJ文件	修改日期：2015/3/30 16:32 大小：7.77 MB
第二节 人口变动.mht	修改日期：2015/3/30 15:57 大小：199 KB
杭州本世纪末城市人口规模试析_王屏均.pdf	修改日期：2015/3/30 15:53 大小：648 KB
杭州城市居住建设强度空间分布影响因素研究_舒渊.caj 类型：CAJ文件	修改日期：2015/3/30 16:16 大小：12.5 MB
杭州近代城市规划历史研究_1897_1949_张燕镭.caj 类型：CAJ文件	修改日期：2015/3/30 16:24 大小：7.55 MB
杭州历史上的人口迁移_郑生勇.pdf	修改日期：2015/3/30 15:56 大小：393 KB
杭州市住宅空置特征与空置率实证研究_朱佳敏.caj 类型：CAJ文件	修改日期：2015/3/30 16:32 大小：6.33 MB
杭州市住宅区位分布特征研究_殷菁若.caj 类型：CAJ文件	修改日期：2015/3/30 16:32 大小：3.78 MB
杭州外商投资发展与空间布局研究_潘蓉.caj 类型：CAJ文件	修改日期：2015/3/30 16:12 大小：4.85 MB
基于SLEUTH模型的杭州市城市扩展研究_刘勇.pdf	修改日期：2015/3/8 23:06 大小：927 KB
基于多源遥感数据的城市建设用地空间扩展动态监测及其动力学模拟研究_李波.caj 类型：CAJ文件	修改日期：2015/3/30 16:28 大小：21.5 MB
基于空间一致性的城市规划实施评价研究_以杭州市为例_岳文泽.pdf	修改日期：2015/3/8 23:02 大小：796 KB
近15年来杭州市土地利用结构的时空演变_徐丽华.pdf	修改日期：2015/3/8 23:02 大小：905 KB
快速城市化地区景观格局变异与生态环境效应互动机制研究_黄木易.caj 类型：CAJ文件	修改日期：2015/3/30 16:31 大小：14.0 MB
人口空间分布转变态势与发展战略研究_以杭州为例_尹文耀.pdf	修改日期：2015/3/30 15:50 大小：811 KB
土地利用规划的经济学分析_尹奇.caj 类型：CAJ文件	修改日期：2015/3/30 16:30 大小：9.09 MB
中国大城市蔓延的测度研究_以杭州市为例_张琳琳.pdf	修改日期：2015/3/8 23:02 大小：0.99 MB

图3-16　收集文献的数量要从面到点、从多到少、逐步筛选

类别，了解国内外各种文献资料的概况、特点及获得的方法，熟悉主要文献索引和目录分类，掌握文献检索的基本技能。然后，明确研究内容的性质和范围，划定搜寻方向。最后，筛选并确定所需要的主要文献，积累和保存相关文献（图3-16）。如果参考文献资料数量巨大，也可以借助目前专门的文献管理软件进行整理，如 Endnote 和 Peaya paper 等。

　　2）文献鉴别

　　在收集文献的任务基本完成后，就进入了对文献的鉴别阶段，包括鉴别文献的真假及质量的高低。鉴别文献的方法可分为"外审"和"内审"两类。

　　外审法指对文献本身真伪的鉴别，包括对作者真伪的鉴别和对文献版本的鉴别。外审法还可以通过对文献物质载体的物理性质的技术测定来判断文献形成的年代，如根据纸质，纸的脆裂程度，手稿上墨水的褪色程度或同位素的衰变程度来测定。

　　内审法指对文献所载内容是否属实的鉴别。主要方法有：文献间的相互参照、实物与文献的相互参照、文献与其产生历史背景的相互参照、文献与其作者生平、立场与基本观点相互参照。

　　综上所述，内审法和外审法都是通过比较来进行鉴别，去伪存真，以提高收集文献的质量。在具体研究中，可根据被审文献的性质和复杂程度，采取多种方法或交错复核的方法。

3）文献整合

完成了对文献的鉴别后，就进入了文献调查的最后一个环节——文献整合。文献整合是指调查研究者对自己掌握的文献进行创造性的分析、综合、比较、概括等思维加工的过程。通过加工，形成对事实本身的科学认识。

文献整合的具体方法是运用形式逻辑思维与辩证思维等思维工具，从文献资料中得出事实判断，或归纳、概括出原则或原理。

对文献进行整合常见的形式有：

（1）归纳法。从文献记载的同类事实中归纳出共同点或规律性内容。

（2）演绎法。根据文献资料已经证实的事理，推导出与文献记载有关的结论。

（3）比较法。以文献记载人物、事件、时间和地点为标准来比较，得出某种结论。

（4）辩证分析。辩证地分析文献内容的历史发展、演变进程和相互之间的关系，得出关于事实或原理的全面、系统的看法。

（四）文献内容的研究方法

对文献的内容进行研究通常采用定性分析研究法和定量分析研究法两种方式，它分别从不同的方面对文献中所包含的信息进行加工和处理，从而得出调查研究结论。

1）文献的定性研究

对文献进行定性分析研究是研究者最为常用的方法之一。一般而言，文献是对有关事物性质、功能和特征等方面的描述，定性研究较少涉及主题内的变量关系，以研究者往往倾向于应用逻辑推理探索事物之间的逻辑关系，而不是数量关系（图3-17）。

文献的定性研究一般是要对文献中所包含的信息通过分类、选取典型例证的方式加以重新组织和在定性描述的基础上得出结论。定性研究要求研究者对文献中与研究课题相关的信息要有全面的把握，发现信息之间的逻辑关系，并且与外部的社会历史条件结合起来综合进行分析。定性研究能否获得成功的关键在于研究者是否有足够的逻辑分析能力和洞

表1 论文年代分布

年代	合计	年代	合计	年代	合计
1980	17	1990	37	2000	89
1981	7	1991	34	2001	127
1982	27	1992	43	2002	178
1983	27	1993	49	2003	177
1984	11	1994	59	2004	181
1985	29	1995	69	2005	194
1986	30	1996	94	2006	246
1987	52	1997	102	2007	194
1988	53	1998	80	2008	296
1989	46	1999	109	2009	238
合计	299	合计	676	合计	1920
百分比	10.32%	百分比	23.35%	百分比	66.33%

表3 核心期刊分布

期刊\地区	长春	成都	大连	广州	哈尔滨	杭州	金华	宁波	青岛	深圳	武汉	西安	厦门	沈阳	合计
中国图书馆学报	3	1	0	6	4	0	0	1	0	1	17	1	0	1	0	35
图书情报工作	2	0	5	0	1	0	2	0	0	5	0	1	1	0	25
情报学报	1	1	0	0	0	0	0	1	0	0	0	0	1	0	0	3
大学图书馆学报	0	0	0	0	1	0	0	0	0	0	0	0	0	4
图书馆杂志	1	2	2	4	2	6	0	2	2	3	3	1	5	1	35
图书馆论坛	2	1	0	104	1	4	0	2	2	0	50	8	3	5	0	181
图书馆	1	0	0	6	0	0	0	0	0	10	3	0	2	3	27
情报科学	6	0	1	0	0	0	0	0	0	0	3	2	0	0	0
图书馆建设	8	2	1	5	15	2	1	4	2	0	5	1	5	8	70
现代图书情报技术	2	1	0	1	0	0	0	0	0	5	0	0	0	16
图书情报知识	0	0	0	0	0	0	0	0	0	0	0	3	9
情报资料工作	0	0	0	0	0	0	0	0	0	0	0	0	3
情报杂志	0	0	0	0	0	0	0	1	0	0	0	0	2
图书馆工作与研究	1	0	1	0	0	0	0	0	0	0	4	12	27
图书馆学研究	1	2	0	4	0	2	0	0	0	0	0	0	27
图书情报	90	0	3	9	3	1	4	2	12	5	1	8	144
图书与情报	0	0	1	0	3	1	0	0	0	0	0	12
国家图书馆学刊															
合计	122	19	10	164	26	27	4	20	7	8	133	43	16	29	39	657

图3-17 论文的定性分析方式很多

察力，发现现象后面的深刻的社会、历史原因及意义，否则研究就会流于空泛。

对文献的定性分析研究一般具有以下特点：

（1）定性分析研究不是很注重文献资料的数量特征和完整程度，虽然在分析研究过程中也不排除作一些简单必要的数量分析，但主要是分析研究文献的特殊性质，从而探索事物之间的规律。

（2）定性分析研究有一定的主观性，分析研究者常常从主观条件加以考虑，如是否感兴趣，是否熟悉课题等，对文献的选择往往带有自己的主观偏见，从而做一些有意识的选择，以便达到自己的分析目的。而且研究人员的理解能力和研究水平对分析研究的结果有非常大的影响，文献中的一个字、一句话或者一个段落由于研究者理解力的差异，就会出现不同的解释。只有尽量提高理解能力和研究水平，才能更加接近真实。

（3）定性分析研究的一个重要途径是个人文献分析，包括对个人信件、日记的分析。

（4）定性分析研究注重文献作者的动机和影响效果，而不是过分注重内容的表达形式。例如，分析研究某位领导者的讲话内容，主要不在于内容的新变化，而在于这一讲话对某地区的实际影响。此类研究就偏重于讲话的动机、策略和效果。

文献的定性分析研究在实际操作中一般应遵循图3-18所示3个基本步骤。

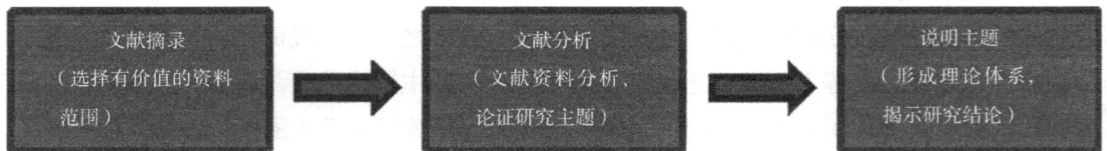

图3-18 文献分析的一般步骤

2）文献的定量研究

与文献的定性研究相对应的另一种文献研究方法是文献的定量研究，也称为内容分析法。它是指对明显的文献内容作客观而又系统的量化并加以描述的一种研究方法。定量分析的实质是将言语表示的文献转换成用数量表示的资料。随着计算机的普及，定量研究的应用越来越广泛。

与定性分析研究比较而言，文献的定量分析研究的基本特征就在于它是将文字的、非定量的文献转化为定量的数据，文献定量分析还具有明显性、客观性、系统性等特点。定量分析具有对大量文献进行系统结构分析的优点，因而可弥补定性研究所缺乏的系统和不足。

（1）定量分析研究客观性比较突出。在整个研究过程中不必完全依赖于分析研究者的理解和专业能力，因而可以排除分析研究者的主观偏见对研究结果的影响。

（2）定量分析研究对大量的文献资料进行系统性的结构分析，弥补了定性分析研究的不系统性和不确切性等缺陷。在定量分析研究中所采用的样本一般比较大，分析论证的结果具有更大的代表性。

（3）定量分析研究着重于围绕研究目的对文献的内容进行结构性分析，尤其重视解释性研究，而并不局限于对文献中孤立的信息进行描述。因此，它的研究过程同其他社会调查类似，首先提出理论假设，然后确定分析结构，在此基础上对文献中的信息进行量化处理和系统分析，进而验证原先的理论假设是否成立或者提出新的理论解释。

文献的定量分析研究在实际操作中一般应遵循几个基本步骤，如图 3-19 所示。

图3-19　定量分析的一般步骤

二、实地观察法

（一）实地调查法概述

实地调查法是一种具有定性特征的研究方法，其在方法论背景、研究目标、研究策略、资料收集方法和资料分析方法等方面都有其自身的特点。实地调查法是社会科学研究中常见的方法之一，以其直接、生动和深入的特点，在政治学、社会学、心理学、教育学、文化人类学等学科领域中都有广泛的应用，也出现了数量众多的经典案例。

1. 实地调查法的含义

实地调查是一种深入到社会现象的生活背景中，以参与观察和非结构式访谈的方式收集资料，并通过对这些资料的定性分析来理解和解释社会现象的一种调查研究方式。实地调查法是处于方法论和具体的方法技术之间的一种基本研究方式，它规定了资料的类型，既包括收集资料的途径和方法，又包括分析资料的手段和技术。实地调查法收集的资料通常是定性资料，收集资料的方法主要是参与观察、无结构式访问，分析资料通常使用定性分析的方法。

实地调查法所收集的资料常常不是数字而是描述性的材料，而且研究者对现场的体验和感性认识也是实地研究的特色。与人们在社会生活中的无意观察和体验相比，实地调查是有目的、有意识和更系统、更全面的观察和分析。实地调查法现在已经被许多社会研究者用来研究本族文化和现代社会。早期的实地调查研究大多被西方学者用于研究城市下层阶级居住区的生活，或用于研究城市的流浪汉、贫民、黑人等底层群体。现在研究者采用这种调查研究方法来研究社会中的各种人、群体、组织或社区。实地调查法是一种定性的研究方式，也是一种理论建构型的调查研究方法。其基本特征在于强调"实地"，要求研究者深入社会生活中，通过观察、询问、感受和领略，去理解社会现象（图 3-20）。

2. 实地调查法的特点

实地调查法自身具有诸多不同于其他调查方法的特点。主要体现在以下几个方面。

图3-20　实地调查需要到现场进行踏勘记录

（1）研究过程持续时间长。实地调查者不可能在短期内对大量的现象进行细致深入的考察，而且实地调查通常以研究个案见长，需要经历较长的时间。

（2）研究者与研究对象之间有更充分的认识和情感交流。实地调查者需要结合当时、当地的情况并设身处地解释和判断观察到的现象。这往往渗透着研究者本人对现象本质和行为意义的理解。

（3）采用多种方法收集资料。实地调查法综合了多种资料收集方法。这些方法包括观察法、访谈法、文献收集法、心理测验法（如投射法）等，常采用录像机和照相机等工具。其中以参与观察和访谈为最主要的资料收集方法。

（4）实地调查法强调研究者是收集和分析资料的一种工具。研究者在实地定性研究时，需要广泛地运用自己的经验、想象、智慧和情感。

（5）采用定性分析的方法整理收集到的资料。实地调查法更多的是对研究对象和现场气氛的感悟和理解，没有实证性的数据。研究者根据一定的逻辑规则对资料实施分析。实地调查法强调互为主体性或主观互动的关系。研究者不是一个纯局外的主体，而是要设法成为要研究的人群中的一员，融入其中，尽量地去共享他们的知识，直到与他们达成共识。

（6）实地调查法假设特定人群共享一种知识，对事物有一种认识，研究者的目的就是要加入这个人群，并分享他们的知识。研究者要关注这些人群是怎么认识的，而不去解答这种知识的真实性问题。因此，研究者进入现场时，通常不带有理论假设，更不是去证实或证伪某种理论假设，而是从经验材料中归纳出理论观点。即实地调查法获得结论的途径是归纳推理，而非演绎推理。

（7）研究结论只具有参考的价值。实地调查法所考察的对象较为具体和有限，实地调查法的结论并不是探究的最终结果，往往指导研究者进一步观察，以便获得更深刻、更新

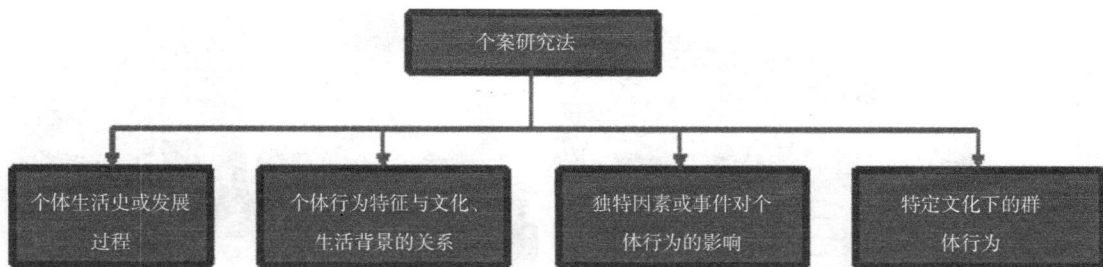

图3-21 个案研究法的适用情况

颖的资料，得出新的结论或改善先前的结论。

（二）实地调查法的类型

实地调查法可以说是参与观察与个案研究的合称，从研究背景和对象范围来看，个案研究是其特征，从研究方式和资料收集方法来看，参与观察是其突出的特点。个案研究与社区研究是其典型的类别。

个案研究是对一个人、一个事件、一个社会集团，或一个社区所进行的深入全面的研究（图3-21）。在国外的社会学研究中，个案研究的应用相当广泛，常见的有家庭个案、老年个案、儿童个案、企业个案等。在我国，个案研究的应用也比较多。新中国成立以前大多数社会学家都经常采用这一方法。他们从工人、农民、贫民、乞丐、娼妓、少数民族中选取一个或几个调查对象作为个案，全面、深入地了解具体调查对象的社会活动、生活方式、行为模式、价值观念等。

一般来讲，个案研究法适用于以下几种情况：

当研究的个案是一个社区时，通常又称之为社区研究。社区是人们在社会中赖以生存的一种重要形式，同时社区也是构建整个社会的重要单位。它与人们的社会生活以及整个社会的发展都有着密不可分的关系。因而，社区研究也越来越成为一个研究的热点。研究者通常采用参与观察、访谈，以及收集当地现有文献等方法来收集资料。而且，研究者通常要在该社区中生活一段时间，参与当地人的社会生活。如城市高架桥或垃圾站建设的邻避问题，研究者要长期关注这些利益相关区域的居民行为动态，例如挂横幅抗议、上访等。同时，也可以专门约个别当事人或相关政府管理人员进行访谈，了解事情的来龙去脉，对观察到的现象进行解释（图3-22）。

根据调查资料收集的具体方法，实地调查可以分为观察法和无结构式访谈法。观察法和无结构式访谈法是常见的定性研究收集资料的方法。

所谓观察法，是指研究者在实地研究中，有目的地以感觉器官或科学仪器去记录人们的态度或行为。与日常生活中人们的观察不同，系统的观察必须符合以下的要求：①有明确的研究目的；②预先有一定的理论准备和比较系统的观察计划；③用经过一定专业训练的观察者自己的感官及辅助工具去直接地、有针对性地了解正在发生、发展和变化的现象；

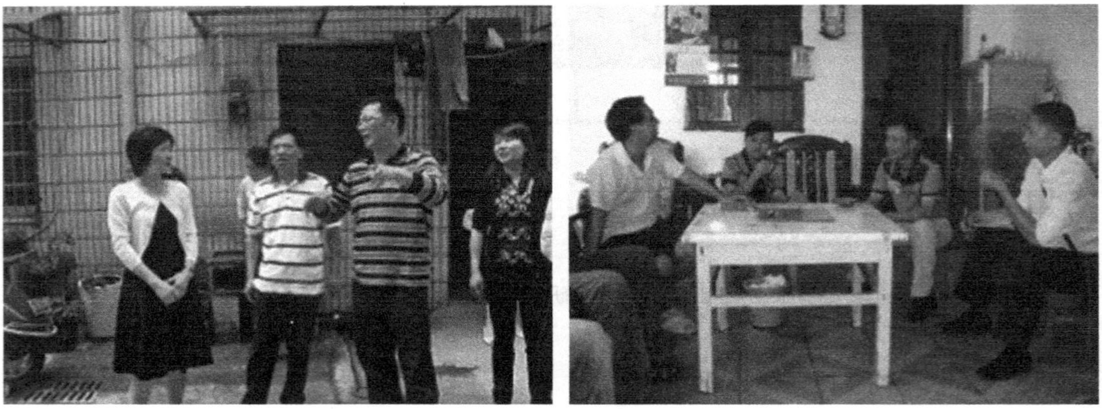

图3-22　社区调查需要深入被调查者的实际生活空间

	吴山广场			运河广场			西城广场	西湖文化广场	
	复合，分解为圆 + 梯形 + 矩形			复合，以圆为主			矩形	复合，以圆为主	
广场形态	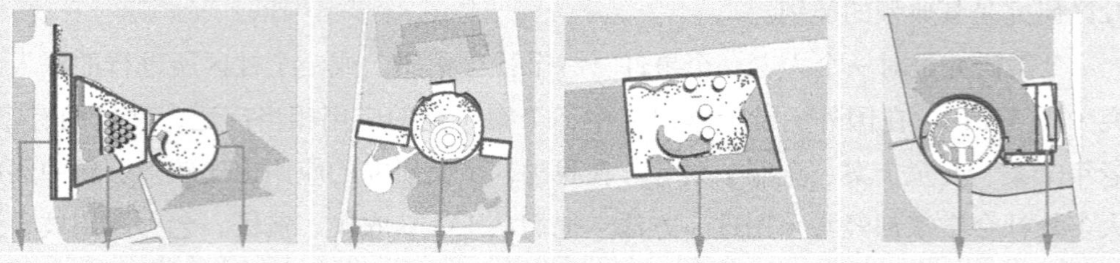								
活动种类	3	5	6	2	6	2	6	3	1
主要活动	散步	玩游乐设施、广场舞	集体轮滑、交际舞、散步	经过	广场舞、轮滑	轮滑	烧烤、广场舞	散步、广场舞	休息
备注	数据为 19：00~21:00 的记录，下同；图中红色点状的疏密表示人群分布的密集程度，下同								

图3-23　对于广场活动居民分布区域的全天观察记录

④有系统的观察记录；⑤观察者对所观察到的事实有实质性、规律性的解释。如调查广场上的活动人数和内容，首先需要通过理论研究，对活动的类型进行分类，如分成自发性活动和社会性活动；其次，要根据广场的使用规律，来选择观察的时间段，如早上和晚上是城市广场使用人数相对较多的时段；最后，要结合其他调查方式，如访谈或问卷等，对观察到的现象进行规律的总结和解释（图 3-23、图 3-24）。

观察法还可以具体分为完全参与观察、半参与观察和非参与观察；结构式观察与无结构式观察；直接观察与间接观察。

无结构式访谈又称非标准化访问，它是一种半控制或无控制的访问。与结构式访谈相比，它事先不预定问卷、表格和提出问题的标准程式，只给调查者一个题目，由调查者与被调查者就这个题目自由交谈，调查对象可以随便地谈出自己的意见和感受，而无需顾及调查者的需要，调查者事先虽有一个粗略的问题大纲或几个要点，但所提问题是在访问过

广场	文化活动	活动发生时间段	活动照片	
西湖文化广场	广场舞	晚		
	太极	早		
西城广场	广场舞	晚		
	夜市	晚		
运河广场	广场舞	早晚		
	舞剑	早		
吴山广场	广场舞	早晚		
	儿童游乐设施	午		

图3-24 对于广场活动居民分布区域的全天观察记录

资料来源：黄赛君等. 城市客厅里的故事——杭州广场活力社会调查[R].杭州：浙江工业大学,2012

程中边谈边形成，随时提出的。其类型有重点访谈，深度访谈，客观陈述式访谈等。同结构式访谈相比，非结构式访谈的最主要特点是弹性和自由度大，能充分发挥访谈双方的主动性、积极性、灵活性和创造性。但访谈调查的结果不宜用于定量分析。

一般来讲，对于研究问题的前几次访谈，因为对相关问题不是很熟悉，可以先进行非结构式的访谈，尽量全面地了解信息，而在明确了研究问题和分析思路以后，则要根据研究目标来设计相应的结构性访谈提纲，在访谈中要有意识地引导被访谈者更多地叙述和研究目标相对应的，以及能直接用于分析的相关内容。

（三）实地调查的操作过程

实地调查法的一般过程可以简单地分为以下 6 个步骤（图 3-25）：

图3-25 实地调查法的步骤

图3-26 实地调查法的基本任务

1. 准备阶段

实地调查法的准备阶段又需要完成不同的任务（图3-26）：

（1）是选择研究课题和确定研究方法。研究者要选择一个适合进行实地调查研究的课题，进而采用实地调查的方法进行研究。在实际研究中，为了得到更全面的信息，有时是多种研究方法并用，既做大规模问卷调查或文献研究，又在少数个案上深度访谈。

（2）要选择实地调查的地点。实地选择要符合两个原则：一是相关性，二是方便性。所谓相关性，是指尽量选择与研究课题密切相关的现场。所谓方便性，是指在符合相关性的前提下，现场要易于进入和观察。但在实际操作过程中，实地的选择往往与研究者的社会资源息息相关。

（3）资料与知识准备。准备阶段的首要工作之一是阅读文献。查阅所有与研究问题相关的资料，增加对研究对象的了解，以便确定所研究问题的基本框架。

（4）做一些与课题相关的专门性准备。如研究者可以考虑事先到现场进行一个初步的调查，看在那里从事此类研究是否可行。或者，研究者可以先在现场做一个不太敏感的研究项目，借此了解现场中的人对外来研究者的基本态度。然后决定自己是否应该从事先前已经计划好的项目。研究者可以在研究工作开始之前请自己单位的领导写一封介绍信，或者请被研究单位的上级领导写一封批文。

2. 进入现场

进入现场有很多种方法，调查研究者要根据具体的情况选择适当的进入现场的方法。

隐蔽进入式。这种方式使研究者避免了协商进入研究现场的困难，而且他有较多的个人自由，可以随时进出现场。但由于研究者成了一个"完全参与者"，他只能在自己的角色范围内与人交往。进入现场时，需要得到"局内人"的认可，通常采取以某种程序或仪式进入、"局内人"推荐、"关键人物"帮助等方式。如对于商场或某一城市设施的调查，可以作为该设施的使用者之一，作为一般的购物者身份进入商场，在使用设施和体验调研环境的同时，记录需要的关键信息。

逐步暴露式。有的课题适用正式的接触以表明研究者的身份。进入现场的方式就需要通过正式的组织途径，或与其领导，或者通过研究对象所生活的社区的"熟人"这样非正式的渠道进行接洽，征得研究对象的同意，以研究者的身份进行直接而正式的观察和访谈。

研究开始时，研究者可以简单地向被研究者介绍研究计划，然后随着被研究者对自己信任程度的提高而逐步展开。如对于居住区居民的调研，可以开正式的介绍信或单位联系函，与社区的管理者或物业进行联系，然后进入居住区，进行实地观察和调研。

在有些情况下，隐蔽进入式和逐步暴露式可以结合使用。例如，我们知道被研究群体中有一部分人肯定会拒绝参与研究，而其他人则没有异议。那么，我们可以对后者坦诚相告，而对前者则暂时保密。随着研究的进行，那些知道底细的人会逐步把研究的情况告诉其他不知道的人。如果他们之间相互信任，而研究者与所有的人又都已建立了良好的关系，那些事先没有被告知真相的人到这个时候多半会接受既成事实。

3. 抽样

在进入现场后，为了使选择的研究对象具有代表性，有时还需要进行抽样。因为事实上研究者不可能观察到一切现象，访问到所有对象，只能从现场所有的研究对象中抽出一个样本进行观察或访谈。艾尔·巴比就说过，研究者不能期望观察到所有事物，也不可能记录所有观察到的东西，观察代表的是所有可能观察中的实际样本。例如研究者要观察球迷骚乱，观察到的行为只能是其中的某些样本。麦考和塞蒙提出了三种适用于实地研究的抽样方法：定额抽样、滚雪球抽样和特异个案。

（1）如果被研究的组织和过程的成员已有明确的合理分类，可以运用定额抽样的方法：选择不同类型的成员。如研究一个"城中村"，可以分别访问村干部和一般村民；研究学生政治团体，可以分别访问激进派成员和稳健派成员；或分别访问男人和女人，年轻人和老年人等。

（2）滚雪球抽样。假如研究者想了解一个企业的经营状况，可以向企业的一般员工先询问企业负责人的情况，然后再去追寻企业负责人，及其相关的重要调研对象。于是样本就像雪球一样越滚越大。

（3）特异个案的重要性也不容忽视。对于脱离正常模式的个案的研究可以加深对人们态度及行为的正常模式的理解。例如，想了解某城市设施建设对周边居住区的影响，则可以重点选择反对该项设施建设的居民进行调研。

4. 收集资料

实地调查收集资料的方法有观察法、访谈法、收集文件法、投射技术以及工艺学记录。实地调查收集资料时，要遵循一定的指导原则。

实地笔记应该是描述性的；从不同的维度收集各种不同的信息；不同途径（观察、访谈、文件记录、工艺学记录）收集到的资料可以交叉验证；采用摘录，从参与者自己的语言描述中，捕捉参与者对其经验的看法；选择主要的信息提供员，并谨慎小心地利用他们，从他们所提供的观点中提炼出精华和智慧，但是同时应当切记他们的观点取向是有限的；注意实地工作的各个不同阶段。在进入阶段与参与者建立信任和密切的关系，在实地工作成为例行常规的中间阶段时，保持清醒、训练有素；当实地工作接近尾声时，重点放在总结出有用的综合描述上，在实地工作的各个阶段中都要认真仔细地做好详细的实地笔记；尽可能完全参与研究的全方案，对过程有一个完整的体验；实地笔记和评鉴报告中要包括研究者自己的体验、想法。

另外，实地调查收集资料过程中，做好记录是一个关键和核心环节。实地研究的常用工具是笔记本和笔。笔记不但要记录观察到的，还要捕捉当时当地特殊氛围中产生的灵感，将"想到的"也记录下来。如在课堂观察中，研究者多次记录教师言语不当引发学生的各种抱怨，会产生教师的整体素质对学生的学习有很大的影响的想法，应当把这个想法记录下来。记录要完整翔实，记录时要高度集中注意力，还要养成当场记录的习惯。在记录时要分段记录，先记下关键的词语和短语，再做详细的整理，要努力把观察到的所有细节都记录下来。

对于城市空间社会调查研究，除了对于访谈、所见所闻等文字信息的记录外，还应关注空间层面的信息调查，可以事先下载、打印好调研区域的地形图或遥感图，在调查的同时，对一些关键信息在图上进行标注，如各类设施的空间分布、人群的活动位置等等。

5. 分析资料

首先是进行资料的审查。原始资料在记录过程中，可能出现虚假、遗漏、自相矛盾等问题。资料审查是为了消除原始资料的这些问题，保证资料的可信度和有效度。

在实地调查研究过程中，资料的搜集和审查必须同时持续地进行，直到研究方案将近完成。因此，搜集资料不是机械地记录资料，而是同时分析和解释资料，看看这些资料是否互相矛盾，是否需要进一步搜集更多的资料。当资料中的主题已很明了，研究者才能结束资料的搜集工作，专注于资料的综合分析和解释。反之，若一直等到搜集资料结束后，研究者才开始做资料的审查，在研究途中可能迷失于未经分析组织的大量资料中，而很难知道自己何时已经搜集有某一主题的资料。

其次，研究活动完毕之后，研究者要以快速记录的大纲为线索，整理出完整详细的笔记。然后，根据实地调查的时间，将这些记录编目，形成档案。档案的种类很多，研究者应根据研究性质及数据分析的需要建立档案。第一类是背景档案，主要包括历史资料、历史档案、历史文献等。第二类是人物档案，即建立研究对象档案，可以按照调研对象进行分类，重点对象和一般对象分开储存。第三类是文献档案，包括研究过程中适用的一切资料目录，大量是相关的论文和统计数据等。第四类是分析档案，可以按照不同的选题对所收集到的资料归类整理。

最后，进行资料的分析。检验某个城市发展理论，或是建立某种社会现象的理论解释，这往往是一个不断深入的过程，最初的资料只能得出暂时的结论，这个理论雏形又可以进一步指导研究。

6. 撰写报告

在分析资料的基础上，经过一定的抽象概括，得出结论。撰写实地研究报告时，应该特别注意详尽介绍研究的方法、策略和整个研究过程，让读者能够根据研究者所使用的方法以及实际的调查资料收集过程来判断其研究结论的可信度和推广度。对于城市空间调查，特别要详细说明调研的地域范围、调研对象的界定、调研时间段、调研次数和频率等。

（四）实地调查的具体方法

1. 观察法

观察法指的是带着明确的目的，用自己的感官和辅助工具去直接地、有针对性地了解正在发生、发展和变化着的现象。按照观察中研究者所处的位置或扮演的角色，可以将观察法分为局外观察和参与观察。根据观察方式的结构程度可以分为结构式观察和无结构观察。根据观察对象的不同，可将观察法分为直接观察和间接观察。

1）局外观察与参与观察

所谓局外观察也称为非参与观察，即观测者处于被观察的群体或现象之外，完全不参与其活动，尽可能不对群体或环境产生影响。例如观察居民的交通行为、活动类型等，并不需要观察者参与其中。采用非参与观察，一般有两种方法。其一为近距冷淡法，即观察者在距离被观察者很近的地方观察，但对被观察者及其行动不做表示任何，只听，只看。例如，在广场或商场观察人们的言行。其二为远距仪器法，即借助望远镜、摄像机等设备在距离较远的地方进行观察。例如观察某区域的人流量和分布密度。

参与观察也称为自然观察，指在自然状态下研究者参与某一情境对研究对象进行观察。参与观察源于人类学家的现场研究。对现场研究而言，参与观察是长年累月住在当地社区，将自己融入社区人们的生活中，并维持一个专业者的距离。通过这种方式，研究者观察人们的日常生活和活动，了解人们的基本信念和期望，并系统地完成资料记录。当然，这种方式需要大量的时间和经济的支持。

2）结构式观察与无结构观察

结构式观察是事先对要观察的内容进行分类并加以标准化，规定要观察的内容和记录方法，它所获得的资料大多可以进行定量处理和分析。它一般只适用于小群体研究和行为科学研究。非结构式观察事先不规定要观察的内容，不要求专注于某些特定的行为与现象，而是对该场景下的所有行为和现象都进行观察，所获资料也多是从定性角度描述所观察的对象（图3-27）。一般的参与观察都是无结构的。

结构式观察与非结构式观察的区别主要有两点：结构式观察所获得的资料大多可以进行定量处理和分析，而非结构式观察所获资料则多是从定性角度描述所观察的对象；非结构式观察没有明确的研究假设和观察内容，观察内容和观察角度也多在观察过程中随环境和条件变化而做一定的调整，有时这种调整是相当大的。

3）直接观察与间接观察

直接观察是对那些正在发生的社会行为和社会现象进行观察。间接观察是对人们行动以后、事件发生以后遗留下的痕迹进行观察。

广场名称	吴山广场	运河广场	西湖文化广场	西城广场
广场视角分布				
9°~27°空间面积占总面积的比例	80%	42%	0	48%
9°~27°空间活动种类占总活动种类的比例	100%	80%	0	90%
9°~27°空间人数占总人数的比例	82%	54%	0	49%
备注			45~90度 ■27~45度 ■18~27度 09~18度 00~09度	

图3-27　对广场活动人数分布与广场空间形态关系的调研

资料来源：黄赛君等.城市客厅里的故事——杭州广场活力社会调查[R].杭州：浙江工业大学,2012

图3-28　高档小区与保障性住区有明显的形态差异

间接观察包括痕迹观察和行为标志观察两种类型。痕迹观察是对人们活动以后所遗留下的迹象进行观察，它有两种形式：一是磨损测量，它观察人们在活动时有选择地使用某物造成的磨损程度，由此反映一定时期内人们的兴趣、爱好或社会时尚。二是累积测量，观察人们遗留下的物质。

在学生宿舍、教室里随便涂写的内容就是一种可度量的"累积物"。行为标志观察是通过一些表面的或无意识的现象推测人们的行为方式和价值观。如在城市空间社会调查中，根据绿化景观、房屋外观和装修情况，也可估计出一个社区的社会地位状况（图3-28）。

2.实地调查中其他收集资料的方法

实地调查法强调丰富地描述现场和人群的现象，因此需运用多重资料来源。如参照人类学研究的"多重工具取向"，搜集资料的方法除了参与观察、访谈之外，还包括搜集文件、投射技术、其他心理研究工具和现场工作的技术设备。研究者可参照个人的研究取向，选择使用各种不同的搜集资料方式，以增进研究结果的可信性。

第二节　访问调查法和网络论坛法

一、访问调查法

（一）访问调查法的概念与类型

访问调查法（Visit Research）又称访谈法，就是访问者有计划地通过口头交谈等方式，直接向被调查者了解有关社会调查问题或探讨相关城市社会问题的社会调查方法。

1. 根据访问调查内容划分

根据访问调查内容的不同，可以将访问调查划分为标准化访问和非标准化访问。

标准化访问是指按照统一设计的、具有一定结构的问卷所进行的访问，又可称为结构式访问。这种方式要对选择访问对象的标准和方法、访谈中提问的内容、方式和顺序、被访问者回答的记录方式等进行统一设计，以便对访问结果进行统计和定量分析，也便于对不同的访问答案进行对比研究等。

非标准化访问就是按照一定调查目的和一个粗略的调查提纲开展访问和调查，又可称为非结构访问。这种方法对访谈中所询问的问题仅有一定的基本要求，提出问题的方式、顺序等都不作统一规定，可以由访问者自由掌握和灵活调整。如对于居住区居民使用服务设施的调研，可以先笼统地询问各类设施的使用概况，而每个人对于设施关注程度会有不同，接下来就针对该对象特别关注的设施类型进行进一步的访问调查，逐级诱导深入，不断挖掘有意义的信息。

2. 根据访问调查方式划分

根据访问调查方式不同，可以将访问调查分为直接访问和间接访问。直接访问是访问者与被访问者进行面对面的直接访谈。间接访问是访问者借助于某种工具，如通过电话、电脑、书面问卷等调查工具对被访问者进行的访问。在某些涉及大量政府单位，或基层单位的调研中，如果一个一个到实地进行访问，会耗费大量时间在交通上，因此可以事先通过他们的上级部门进行系统内联系，然后采用电话访问的方式开展调研，这样既节省了时间又节约了费用。

3. 其他划分方式

根据调查对象的特点，访问调查还可以分为一般访问和特殊访问、个别访问和集体访问、官方访问和民间访问等。对于城市空间社会调查，官方访问是十分重要的，因为城乡规划的编制和实施目前主要是政府主导的，因此对于政府意图和信息的收集就显得十分关键，只听居民、村民和一般个体的主观意见，往往会以偏概全，使调研结果出现偏差。

（二）访问调查的过程分解

要取得访问调查的成功，访问者必须明确访问调查一般经历的过程和阶段，并应该在访谈过程的各个环节上，注意熟练掌握和运用各种访谈技巧。

1. 接近被访问者

访问者进入访谈现场，面对素不相识的被访问者，访问者首先应当表明来意，消除疑虑，以求得被访问者的理解和支持，这是成功地进行访谈的首要前提。接近被访问者必须首先考虑对方的思想、感情和心理承受能力，必须以平等、友好的态度和恰当的方式去接近对方，重点应注意两个问题：

1）对于被访问者的称呼

称呼是访问调查的开始，为了避免引起对方反感，对被访问者的称呼应努力做到入乡随俗、亲切自然、尊重恭敬、恰如其分等。

2）选择恰当的接近方式

访问者与被访问者接触后，必须采取各种有效的方法与被访问者接近，通常比较适合的接近方式有：①自然接近。在某种活动中自然而然地接近对方，有利于消除对方的紧张和戒备心理，在对方不知不觉时了解到许多情况。②友好接近。从关心和帮助被访问者入手，首先建立感情和相互信任，然后再说明采访意图。③求同接近。从查找和建立与被访问者相同的兴趣和爱好等着手，如老乡、校友、共同的工作经历和兴趣爱好等共同语言，逐步开始访问话题。④正面接近。开门见山，不作修饰，通过自我介绍，说明调查的目的和意义等，然后开始正式访谈。⑤伪装接近。以某种伪装的身份、目的接近对方，在对方没有察觉的情况下访谈等等。

2. 提问

1）提出问题的种类

访谈过程中的问题，可以分为实质性问题和功能性问题两大类。实质性问题是指为了掌握访问调查所要了解的情况而提出的问题，包括事实方面的问题、行为方面的问题、观念方面的问题以及感情和态度方面的问题等。功能性问题是指在访谈过程中为了对被访问者施加某种影响而提出的问题，包括接触性问题、试探性问题、过渡性问题和检验性问题等。一个熟练的访问者，不仅要善于以恰当的方式提出各种实质性问题，而且要善于灵活运用各种功能性问题，促进访谈调查的顺利进行。如试探性问题在城乡规划中就常常被使用，在某一地区的规划实施前，或是在规划修编时，从不同规划方案的角度来试探调研对象，以获取他们对规划实施后可能采取的行为信息（图3-29）。

2）提问技巧

访问调查的提问过程可以使用的技巧有：①化大为小、破题细问。顺应人的思维，回忆心理活动规律，按照事物形成、发展的全过程，将一个总的问题破开；或按时间顺序，或按逻辑联系，化成为若干个小问题，促进人的回忆与思维清晰、深入地发展。②耐心启发、寻求突破。按照回忆的心理活动规律，通过使用接近联想、相似联想、对比联想等方法，让被访问者的脑子中呈现一些与访问者想寻求的事物相似、相对比或相接近的事物，促使

图3-29 通过事先准备的汇报材料引出不同层次的访问内容

其产生某种神经联系，调动被访问者进入良好的回忆心理活动状态，进而顺利回答。③适当刺激、反面设问。激问是通过一定强度的刺激设问，把对方的情感由抑制状态转化到兴奋状态，然后继续追问，错问是从事实的反面设问，造成被访问者震惊，心理活动呈现高度兴奋状态，产生"否定错误、澄清事实"的感觉与愿望。通过激问、错问等手段，设法改变被访问者的感觉心理状态，变"要我谈"为"我要谈"，激发被访问者的兴趣和需要。刺激设问以城市空间社会调查中，关于邻避设施的调查最为典型，一般在开始调查邻避设施的利益受损对象时，他们会比较谨慎和拘束，会以为是政府单位派来摸底和做工作的，不太愿意完整表达自己的意愿，但只要站在他们的视角，使他们认为是为保护他们的利益服务的，通过不断诱导，大多数会从不愿意说转向主动说、主动表达的状态，这对于调查信息收集的完整度是很有帮助的。

3）提问应注意的问题

提问时应注意的问题包括：①提问的语言要求。提问的话语应尽量简短，语言应尽可能做到通俗化、口语化和地方化，尽量避免使用学术术语和书面语言，提问速度要适中，既要使听话人听清楚。又要紧随听话者的回答及时再提出新的问题。②问题本身的性质特点。对于比较尖锐、复杂、敏感和有威胁性的问题，应该采取谨慎、迂回的方式提出，一般性问题可大胆、正面提出。③被访问者的情况。对于顾虑重重、敏感多疑、对访问问题不熟悉或回答问题能力较差的被访问者，应该层层诱导，逐步提出问题。反之则可单刀直入、连续提出问题。④访问者与被访问者的关系。访问者与被访问者互相不熟悉、尚未取得信任和感情的情况下，应该采取耐心慎重的方式提问，反之则可直率、简捷地提出问题。

3. 听取回答

1) 听取回答的步骤

访问调查过程中听取回答的步骤包括：①捕捉和接收信息，认真听取被访问者的口头回答，积极主动捕捉一切有用信息，包括语言信息和非语言信息等。②理解和处理信息——对信息进行理解，做出判断或评价，并对有用信息和疑惑信息进行保留。③记忆或作出反应，对有用信息进行记忆，考虑被访问者的回答情况对疑惑信息做反应。

2) 听取回答的层次

根据访问者的具体情况，听取回答可分为三个层次：①被动消极的听。访问者没有开动脑子理解记忆，听到的内容很快遗忘。②表面的听。半听半不听，耳朵在听，脑子在思考其他问题，大部分内容没有听进去。③积极有效的听。注意察言观色，开动脑子，理解回答问题的观点，推测言外之意，并反复记忆和考虑如何做出反应。

3) 积极有效地听取回答的要求

要取得较好的访问效果，在听取回答时必须注意做到端正态度、排除障碍、提高记忆能力、善于做出反应。

4. 引导与追问

1) 引导

当访谈过程中遇到障碍，访问调查不能顺利进行下去，或者访谈偏离原定计划时，就应当及时地加以引导（Lead）。引导不是提出新问题，而是帮助被访问者正确理解和回答已提出的问题，是提问的延伸和补充。具体情况具体对待，采取适当的引导方法：①如果被访问者没有听清楚或者没有听懂所提问题，就应当用对方听得懂的语言再次将问题重复一遍。②如果被访问者遗忘了某些情况，就应从不同角度、不同方面帮助对方回忆。③如果被访问者的回答离题太远，就应该寻找适当时机，采取适当方式，礼貌地、委婉地把话题引向访谈的主题等。

2) 追问

在访谈过程中，追问（Chase Ask）也是一种不可缺少的访问手段，追问的目的是促使被访问者更真实、具体、完整、准确地回答问题。追问是更具体、更准确、更完整地引导。追问和引导不同，引导要及时进行，追问则一般放到访问后期进行，以避免对整个访问过程形成妨碍。追问以不伤害与被访问者的感情为原则，应注意对于现场气氛的缓和和把握。追问的方式主要有：①直接追问。直截了当地请被访问者对未回答或回答不具体、不完整的问题再作补充回答。②迂回追问。通过询问其他相关联的问题或换一个角度询问来获得未回答，或未答完的问题的答案。③当场追问。对于一些简单的问题（例如某些数据没有听清楚等），可以在对方回答问题时立即进行追问。④集中追问。对于一些比较重要的、复杂的问题，及时标记下来，等待访谈告一段落之后再集中追问。

5. 访谈结束

把握好访谈结束时应注意做到善始善终，不仅是对于被访问者的尊重，是对调查人员的基本道德素质要求，同时也可为此后可能发生的再次访问调查等做好铺垫。具体说来，访谈的结束应注意以下几个问题：

1）注意访谈气氛

访谈氛围是访问调查质量的重要保证，如果访谈过程中良好气氛被破坏，不管是被访问者的主观原因，还是客观环境条件制约，在无力对访谈氛围做出改变时，都应注意适时结束访谈，不能认为访谈问题没有问完就不愿意放弃。在这种情况下可以选择改变被访问者，更换访谈环境或选择再次访谈。

2）把握访谈时间

人们的交谈时间如果过长就会产生疲倦，所以每次访谈时间不宜过长，最好不要超过一两个小时。特殊情况下，如果被访问者精神状态较好或对访问课题具有浓厚兴趣，可以适当延长访谈时间，但应特别注意不应该妨碍被访问者的正常职业活动和正常生活秩序。

3）铺垫

在访谈结束时，应及时向被访问者说明今后有可能会再次登门请教和访问，如果访谈内容尚没有完成，则应具体说明下一次访问的时间、地点和主要访谈内容等，便于被访问者做出必要的准备。

4）致谢

对于被访问者对于访问调查活动的支持和帮助，应真诚地表示感谢，对于从对方身上学习到的知识，可以简要地具体指出一两点，以表示对访谈的总结和被访问者的尊重。根据具体情况，可以再次介绍自己的基本情况和联系方式等，同时表示愿意为被访问者提供力所能及的帮助等。

6. 再次访问

如果访问调查过程由于受到时间、环境或者被调查者访谈的主、客观因素被迫中止，而调查任务尚未完成，这就可能要再次访问（Visit Again）。如果在访谈过程中发现了新的情况和新的问题需要深入调查，而调查人员尚未对此做好充足准备，这也可能导致再次访问。总之，再次访问是调查质量的有效保证，具体又可分为三种情况：①补充性再次访问；②深入性再次访问；③追踪性再次访问。

（三）访问调查的实施方法

1. 访问准备

1）科学设计访问提纲

访问调查前应科学设计访问提纲，包括详细的问题及其询问方式、问题的顺序安排等，如果是标准化访问，应该设计统一的访问提纲和问卷（图3-30）。

附录

附录一：康桥街道居民市民化特征调研问卷

调查时间：_____ 调查地点：_____

您好，首先非常感谢您参加此次问卷调查，本次问卷调查用于课题研究，保证不做其他商业或相关用途。调查采用匿名制，在研究和使用过程中，将对您回答问题的相关信息严格保密。

1. 您的年龄多大？
A 18 岁以下　B 19 岁—35 岁　C 35 岁—60 岁　D 60 岁以上

2. 您是否为本地人？
A 是　　　　B 不是

3. 您的文化程度？
A 本科以上　B 本科　C 大专　D 高中　E 初中
F 小学　　　G 未接受过义务教育

4. 从"身份"看您认为自己是哪一类人？
A 城里人　B 农村人　C 城乡边缘人　D 说不清楚
为什么？_____

5. 近几年你觉得？
A. 有强烈的感觉成为了城市里的人
B. 终于有了住在城市里的感觉，但是感觉还不是很强烈
C. 还是觉得住在农村里，变成城市的人还有很长的路要走

6. 您的 居住地点：_____
　　　　上班地点：_____
　　　　要好朋友结识地点：_____

谢谢您的配合！

附录二：康桥村社区个人收入变化调研问卷

调查时间：_____ 调查地点：_____

您好，首先非常感谢您参加此次问卷调查，本次问卷调查用于课题研究，保证不做其他商业或相关用途。调查采用匿名制，在研究和使用过程中，将对您回答问题的相关信息严格保密。

本次问卷内容主要涉及个人经济收入相关信息，请您根据自己的真实情况做答。

1 您的年龄多大？
A 18 岁以下　B 19 岁—35 岁　C 35 岁—60 岁　D 60 岁以上

2 您是否为本地人？
A 是　　　　B 不是

3. 您的文化程度？
A 本科以上　B 本科　C 大专　D 高中　E 初中
F 小学　　　G 未接受过义务教育

4. 您的年收入？
2005 年 ：_____
A.1 万以内　B.1 万—2 万　C.2 万—4 万　D 4 万—7 万　E.7 万以上
2010 年 ：_____
A.1 万以内　B.1 万—2 万　C.2 万—4 万　D 4 万—7 万　E.7 万以上

图3-30　城市规划社会调查获奖作品的问卷示例

2）恰当选取访问时间、地点

访谈对于被访问者的精神状态、时间及访谈环境条件等要求较高。访谈时间的选择因人而异，一般应选择在被访问者工作、劳动和家务不太繁忙，心情又比较好的情况下进行。

3）分析了解被访问者

要注意选择对访问内容比较熟知的人作为被访问者。选择访谈对象之后，要对被访问者的基本情况作尽可能多地了解，以利于灵活控制和调节访谈气氛等。

4）拟定访问实施程序表

通过拟定访问实施程序表，对要进行的工作与时间全面安排。如访问前应阅读的资料；对有关访问工作的文件资料事先准备；取得被访问者的联系资料；约定访问时间、地点；

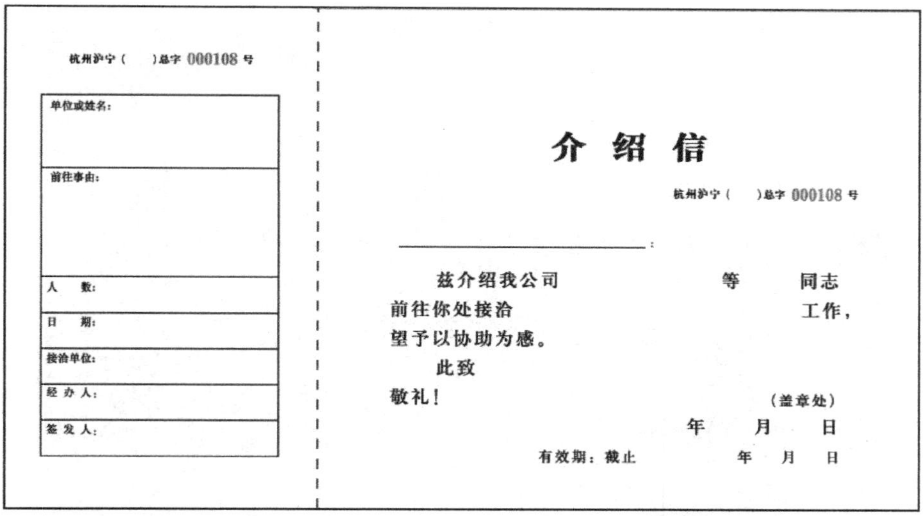

杭州沪宁（　　）总字 000108 号

单位或姓名：
前往事由：
人　数：
日　期：
接洽单位：
经 办 人：
签 发 人：

介 绍 信

杭州沪宁（　　）总字 000108 号

____________：

兹介绍我公司　　　　等　　同志

前往你处接洽　　　　　　　　工作，

望予以协助为感。

此致

敬礼！

（盖章处）

年　月　日

有效期：截止　　年　月　日

图3-31　正式的介绍信往往是入户或部门访问实施程序的关键

如何对访问过程进行控制；提前预见访问可能出现的问题，并做出应对措施等（图 3-31）。

2. 访谈应注意的问题

1）解释说明

在访谈开始时应注意说明来意，消除被访问者的疑虑和增进双方的沟通了解。主要应介绍自己的身份，说明调查课题的目的、意义、内容及被访问者的选择方式等。比如在询问每一个问题时都可以对调查目的和问题的意义作出简要说明，便于被访问者消除疑虑。

2）礼貌待人

访谈过程中要始终注意虚心请教，礼貌待人。要有甘当小学生的精神，客随主便，尊重当地风俗习惯，对于被访问者的某些落后意识和不良习惯能够包容，特殊情况下可以给予必要的真诚帮助。

3）平等交谈

建立良好的人际关系是取得访谈成功的关键，没有平等的态度，则不可能有融洽的人际关系以及推心置腹地进行交谈。对于一些敏感性的、有争议的问题，访问者应该保持客观、中立的态度，不能有倾向性、诱导性的表示，以免误导被访问者发表违心之言。

4）有意注意和无意注意

人的注意可以分为两种：有意注意和无意注意。有意注意（Intent Attention）是指有自觉目的，需要一定的努力和自制的注意。无意注意（Involuntary Attention）则是指那种自然发生的、不需要任何努力或自制的注意。

3. 捕捉非语言信息

非语言信息（Non-lingual Information）是调查访问过程中应当关注的有重要价值的采访信息，主要包括被访问者的形象语言、肢体语言，以及访问调查的环境语言等方面。

图3-32　上海的里弄和广州的城中村都有其特有的环境语言

1）形象语言。衣着、服饰等外部形象，是一个人的职业、教养、文化品位等内在素质的反映。

2）肢体语言。人们的肢体语言和动作行为都是受思想、感情所支配的。访问者可以通过对被访问者肢体语言的观察来捕捉对方的思想和感情。

3）环境语言。人们周围的环境、人们的活动状态和各种摆设等也蕴藏着一定的信息（图3-32）。例如某一家庭的家具摆设，不仅能够反映出主人的职业和经济状况，而且能够表现主人的修养、兴趣爱好和性格特征等，这些都是访谈过程中不可忽视的非语言信息。

4. 访问记录

1）记录手段

访谈过程可以通过不同的手段进行记录。标准化访问可以用事先设计好的表格、问卷和卡片等进行记录。非标准访问既可以边询问边记录，也可以一人询问，另一人记录，在征得对方同意的情况下还可以用录音机、摄像机等进行记录（注意非语言信息无法用录音机记录）。通常情况下，笔记是最常用的访问调查记录手段。

2）记录类型

记录可分为三种类型：①速记。即用速记法把对方的回答全部记录下来，随后再翻译和整理。②详记。即用文字当场作详细记录，不需要随后翻译。③简记。即简要记录访要点，或采用一些符号或缩写作代表记录。

3）记录内容

在访问调查的记录工作中，在记录内容上应注意：①记要点。即记主要事实、主要过程、主要观点和建议等。②记特点。即记具有特色的事件、情节和表情等。③记疑点。即记录各种有疑问的问题。④记易忘内容。即记录容易忘记的内容，如人名、地名和数据等。⑤记主要感受。即记录访问者的心理感受及被访问者的非语言信息等。在访谈结束时，应该针对其中的重要内容请被访问者核对或补充，以提高访问调查的可靠性和准确性。

4）记录技巧

德国心理学家艾宾浩斯遗忘曲线表明，遗忘的进程是不均衡的，在识记后的短时期内遗忘得比较快，而以后逐渐缓慢，遗忘后如不经过重新学习，记忆就不能够再恢复，将会造成永久性遗忘。我们进行调查访问时，一定要及时做好访问笔记，及时整理笔记，加深记忆与认识。

5）及时整理记录

调查访问应当及时整理记录，应注意：①访问结束就着手整理笔记，不要想着放松一下或者隔天再整理，以免遗忘重要情况。②每次访问结束即将活页重新整理、排列，并作好小标题，以便于梳理调查访问的思路与所需材料。③记录本的每页不要记满，应当注意留出一些空白的边幅，以便于分析整理与补充材料时使用。④每次访问调查结束、记录本使用完毕时，不要遗弃，应对其编号归类保存，以作为基本资料，留作今后再次调查时背景资料，或者用于其他目的的参考资料。

二、网络调查法

（一）网络调查法概述与主要类型

网络调查就是指在网络环境下，以互联网为依托，基于传统的统计调查理论而进行的一种社会调查方式。网络调查是传统调查在新的信息传播媒体上的应用。它是在互联网上针对特定的问题进行调查设计、收集资料和分析等。与传统调查方法类似，网络调查也有

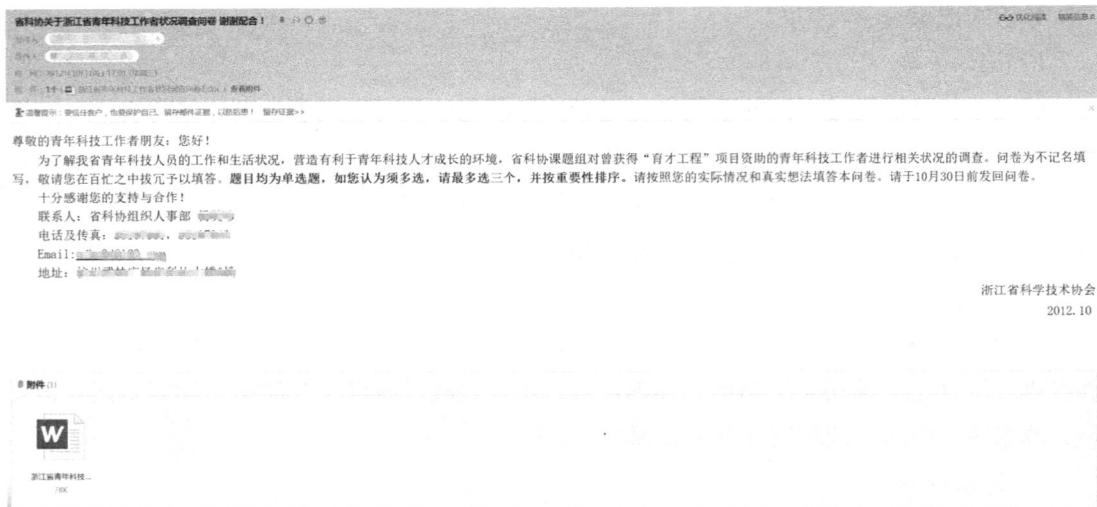

图3-33　采用邮件形式发放的调研问卷

对原始资料的调查和对二手资料的调查两种方式。

常见的网络调查方式包括:网页调查法、电子邮件调查法、基于 E-mail 的 Web 调查法、网上讨论法、网上测验法、网上观察法等。其中,网页调查法、电子邮件调查法和网上讨论法是目前最常用的几种网络调查方法。

1. 电子邮件调查

该方式利用电子邮件对被调查者进行调查,调查问卷作为电子邮件的附件或直接作为邮件的内容传送给被调查者,被调查者完成问卷后同样以电子邮件的形式把问卷返还给调查者(图 3-33)。用 E-mail 发送问卷比传统的邮寄问卷方式在操作上更简单易行,这些问卷自动生成并可同时向多个接受者发送,无须耗用大量的人力进行问卷的发送与回收。在经济上,E-mail 方式能节约大量资金,具有很好的规模效益,问卷发送距离越远,数量越大,越能体现其省时省钱的优点。另外,调查对象的范围相对广泛,样本容量大,从而在一定程度上减少由于地区差异所造成的系统性误差,使调查的结果分析更具有真实性。一般此方法较适合于普查或抽样调查。

对于普通的网络用户而言,使用最多和最普遍的就是电子邮件。电子邮件形式的调查问卷主要有两种类型:文字问卷和附件问卷。在邮件本体内直接加入文字类型的调查问卷,称为文字问卷;以附件形式存在的调查问卷称为附件问卷。

2. 网页调查

网页调查是通过网站设置调查网页给网民主动浏览作答的调查方法。调查者在网站上开辟专门的调查空间来放置问卷,被调查者不被主动告知网站的地址,回复者直接在线完成问卷(图 3-34)。如中国互联网信息中心(CNNIC)就曾采取这种调查方法。调查网站可以对众多的访问者设置"过滤网",在问卷填写前设置一些问题来确认其是否符合调查

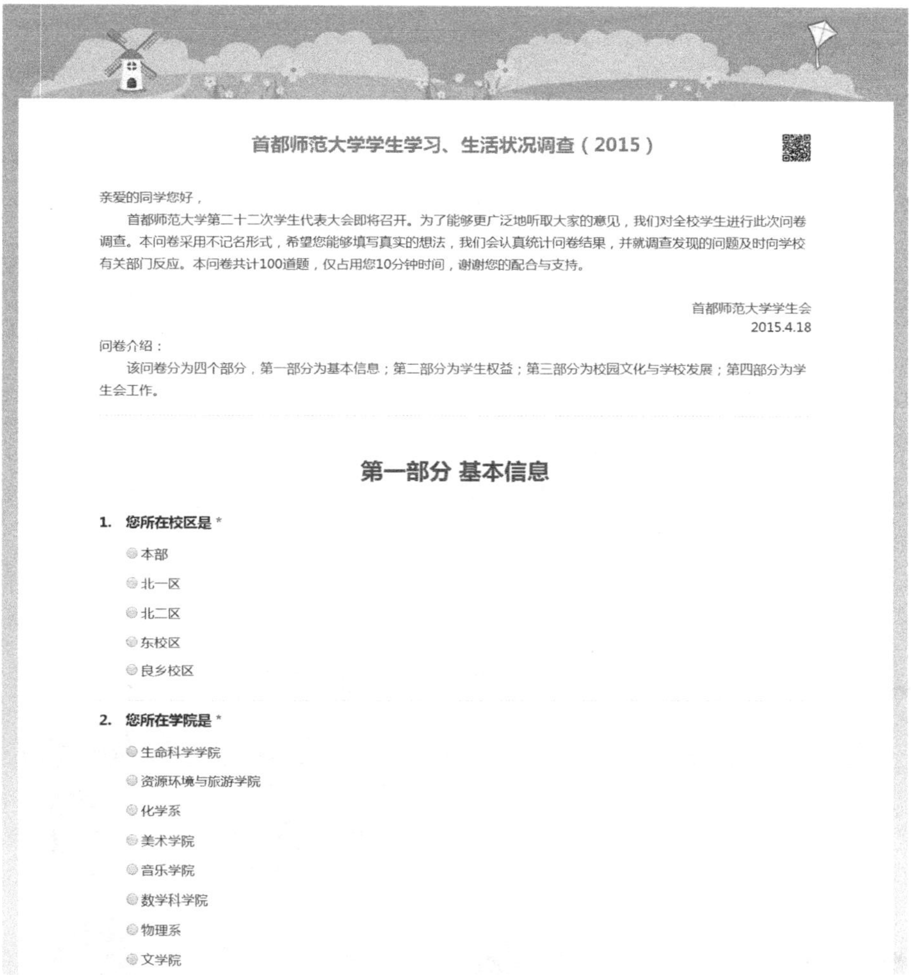

图3-34　专业的问卷调研网站可自助在线填写

对象的要求，对不符合的，程序将自动判断并拒绝其填写问卷，这样可以防止大量无效问卷的产生。

3. 基于 E-mail 的 Web 调查

该方式综合了上述两种调查方式。首先发送电子邮件邀请被调查者回复调查，在邀请函中可以利用超链接的形式把问卷调查所放置的网络地址链接起来。对调查内容感兴趣的被调查者可以直接通过超链接到网站进行问卷的填写。由于这种方法有效地克服了前两种调查方式的缺点，基于 E-mail 的 Web 调查，因其方便性、网络安全性以及对被调查对象的有效控制，成为普遍应用的网络调查方式（图 3-35）。

4. 网上讨论

网上讨论可通过 BBS（电子公告牌）、Newsgroup（新闻组）、ICQ（一种聊天工具）、IRC（网络实时交谈）、Net-meeting（网络会议）等途径实施（图 3-36）。网上讨论是集体访谈法

淘宝网

亲爱的淘宝用户：

您好！感谢您一直以来对淘宝网的大力支持！

我们正在进行一项关于母婴市场的调查，想了解您对于母婴类的知识、资讯、商品推荐等的兴趣和习惯，希望您能抽出2-3分钟时间完成以下的问卷。您的意见将有助于今后我们为您提供更完善的服务。

为了感谢您对我们工作的支持，我们将从完成问卷填答的用户中随机抽取30名幸运用户，获得淘宝网淘公仔1个。

请点击右侧按钮进入调查： **填写问卷**

如果按钮无法显示，请打开此链接：http://ur.taobao.com/survey/view.htm?id=1954

我们期望能够听到您的声音，渴望了解您的意见和建议。

淘宝网用户研究团队

图3-35　基于电子邮件的网络调查

图3-36　使用Net-meeting可以实现网上实时互动讨论

在互联网上的应用。在网上讨论过程中，主持人可发布调查项目，请受访者回答或参与讨论，发表各自的观点和意见；可通过互联网视讯会议，将不同地域的受访者虚拟组织起来，在主持人引导下进行讨论；可通过主持人的总结和分析，发布网上讨论的结果；可通过网上讨论，收集各种社会信息和数据（图3-37）。这一调查方式较适合于重点调查或典型调查。

图3-37 相关主题的论坛上有大量的互动讨论信息

5.网上测验

网上测验是指主持人在互联网上利用 E-mail 或网站等途径，向不同受测者发出含有测验内容的问卷或信件，请受测者做出回答后反馈给主持人，主持人根据反馈信息进行统计分析，并推出结论的测验方法（图3-38）。其测验的内容非常广泛，可以是产品试销，可以是网络购物，可以是客观社会问题，也可以是主观素质、态度等。

6.网上观察

网上观察就是观察者进入聊天室或论坛，观察正在聊天的情况，并按实现设计的观察项目和要求做记录，然后再定量分析和对比研究。网上观察可分为直接观察和间接观察。直接观察又可分为网上参与观察和网上非参与观察。网上参与观察是指观察者作为被观察者的一员参与聊天活动，在聊天过程中实施观察；网上非参与观察是指观察者不参与被观察者的聊天活动，只作为旁观者进行观察和记录。网上间接观察是利用网络技术对网站访问情况和网民的网上行为进行自动监测和观察（图3-39）。

（二）网络调查的适用范围

网络调查不是一种全新的、独立的调查方式，它只是传统调查方式在网络这个环境中的发展和应用。虽然网络调查的历史并不长，但是它已经得到了比较广泛的应用。由于网络调查本身的特点以及现阶段我国网络调查客观上存在的不足，目前我国网络调查的应用范围还受到一些限制，为了避免出现严重的选择性和代表性偏差，网络调查应针对以网民为对象的项目，主要进行一些与网络有关的调查。具体来说，主要包括以下几种：

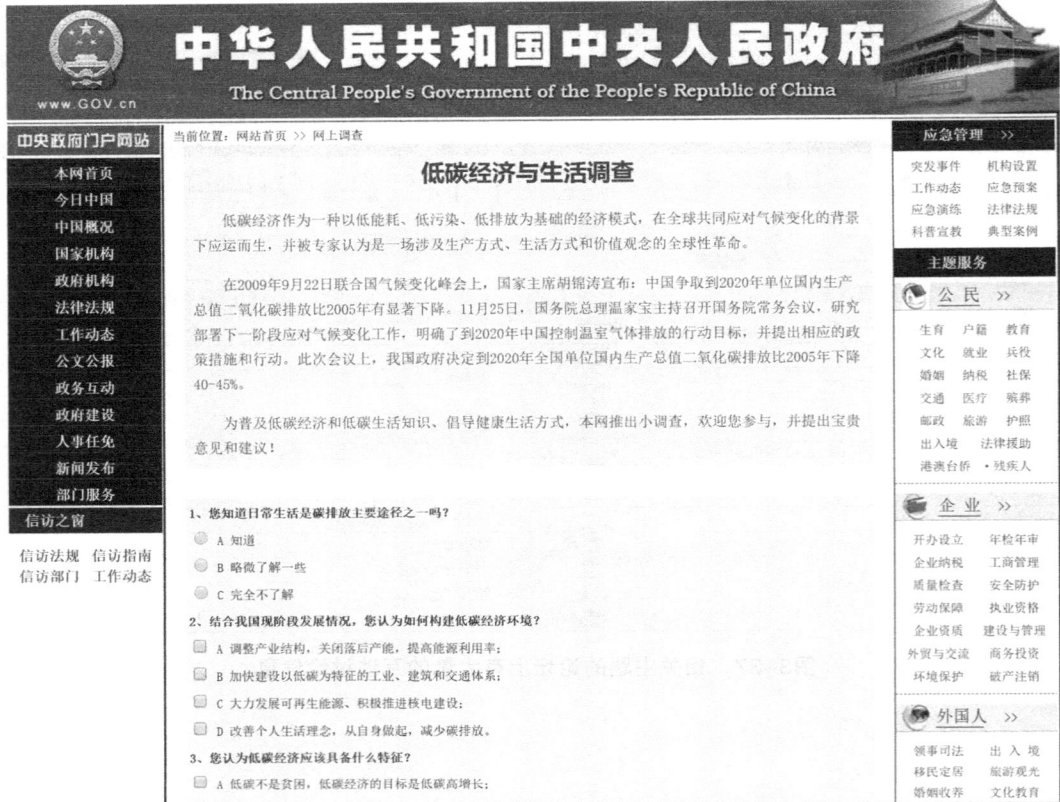

图3-38　网上测验的网页入口

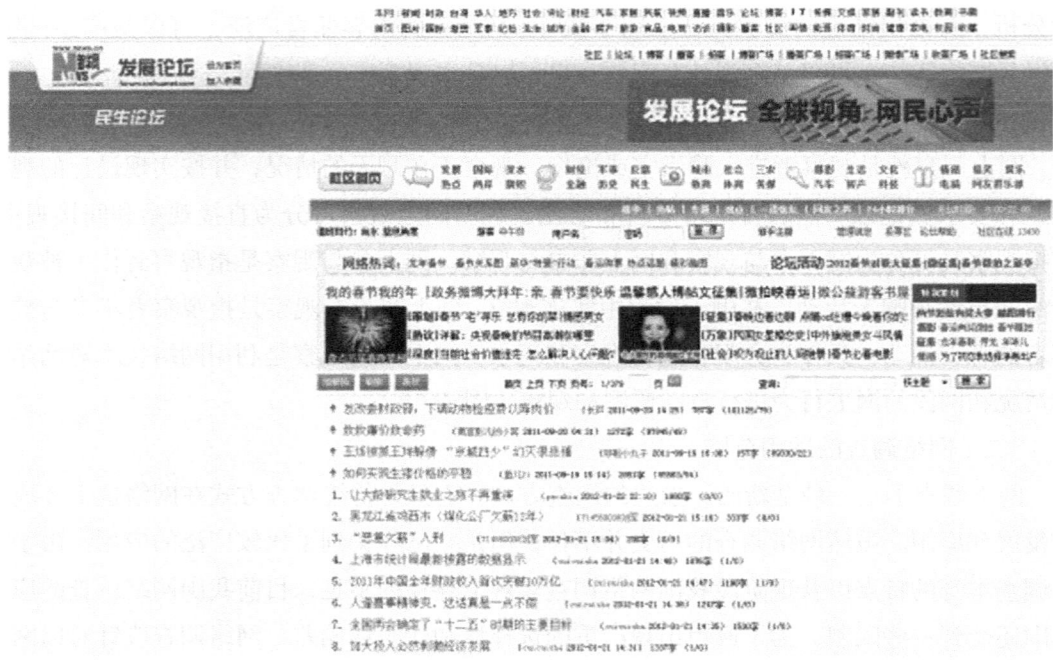

图3-39　网上论坛可以作为观察不同人群对同一问题态度的公共平台

1. 网络市场调查

网络市场调查是针对网络自身市场的调查。主要是与网络产品、网络服务相关的市场调查（图3-40）。这些产品或者服务的最终用户都是网民或者与网络相关的企业、单位，所以他们就是网络调查的被调查者总体。因此网络市场调查的被调查者可以框定在上网的网民范围之内，与其他应用领域的网络调查相比，它的抽样误差较小，调查的效果较好。例如，近年来我国已利用网络进行过多次各种产品市场占有率调查和电视节目收视率调查，均取得较好的效果。

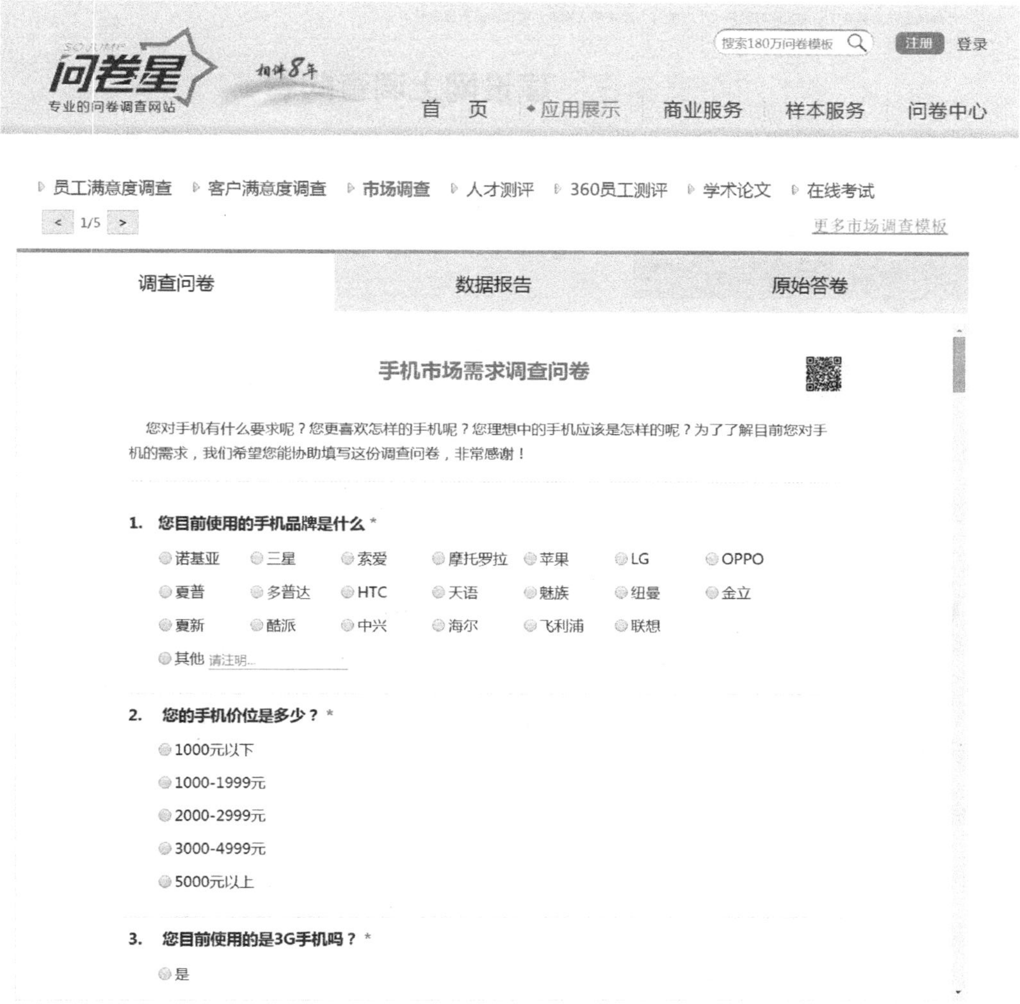

图3-40　网络市场调查

2. 网民民意调查

网民民意调查是在网上就当前的热点问题对网民进行的民意调查（图3-41）。这类调查的组织者基于这样的认识："网民对于当前的热点问题的观点具有普遍性，在相当大的程度上能够反映公众的观点，一般会取得比较好的调查结果。"

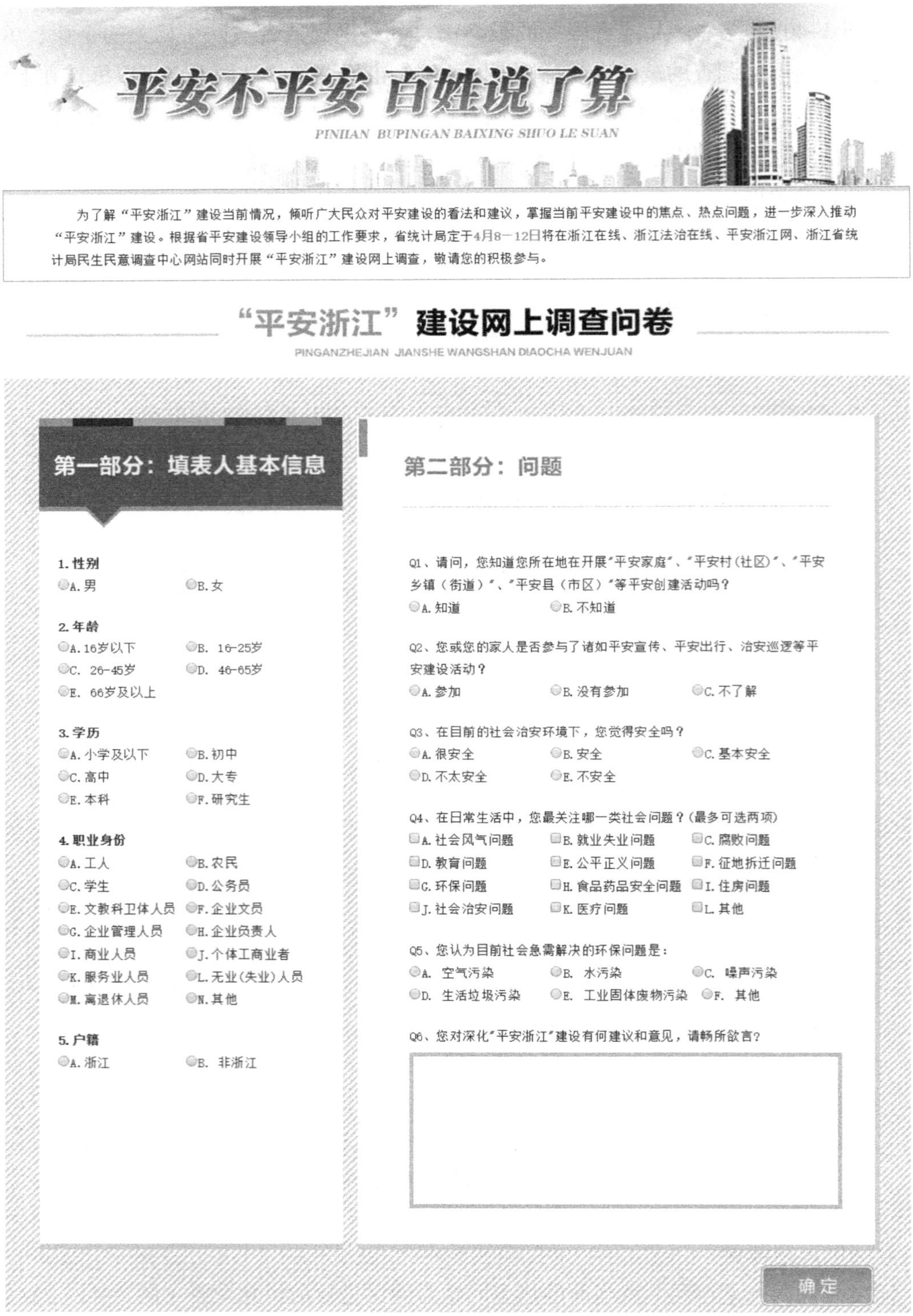

平安不平安 百姓说了算

PINGAN BUPINGAN BAIXING SHUO LE SUAN

为了解"平安浙江"建设当前情况，倾听广大民众对平安建设的看法和建议，掌握当前平安建设中的焦点、热点问题，进一步深入推动"平安浙江"建设。根据省平安建设领导小组的工作要求，省统计局定于4月8-12日将在浙江在线、浙江法治在线、平安浙江网、浙江省统计局民生民意调查中心网站同时开展"平安浙江"建设网上调查，敬请您的积极参与。

"平安浙江" 建设网上调查问卷

PINGANZHEJIAN JIANSHE WANGSHAN DIAOCHA WENJUAN

第一部分：填表人基本信息

1. 性别
- A. 男
- B. 女

2. 年龄
- A. 16岁以下
- B. 16-25岁
- C. 26-45岁
- D. 46-65岁
- E. 66岁及以上

3. 学历
- A. 小学及以下
- B. 初中
- C. 高中
- D. 大专
- E. 本科
- F. 研究生

4. 职业身份
- A. 工人
- B. 农民
- C. 学生
- D. 公务员
- E. 文教科卫体人员
- F. 企业文员
- G. 企业管理人员
- H. 企业负责人
- I. 商业人员
- J. 个体工商业者
- K. 服务业人员
- L. 无业（失业）人员
- M. 离退休人员
- N. 其他

5. 户籍
- A. 浙江
- B. 非浙江

第二部分：问题

Q1、请问，您知道您所在地在开展"平安家庭"、"平安村（社区）"、"平安乡镇（街道）"、"平安县（市区）"等平安创建活动吗？
- A. 知道
- B. 不知道

Q2、您或您的家人是否参与了诸如平安宣传、平安出行、治安巡逻等平安建设活动？
- A. 参加
- B. 没有参加
- C. 不了解

Q3、在目前的社会治安环境下，您觉得安全吗？
- A. 很安全
- B. 安全
- C. 基本安全
- D. 不太安全
- E. 不安全

Q4、在日常生活中，您最关注哪一类社会问题？（最多可选两项）
- A. 社会风气问题
- B. 就业失业问题
- C. 腐败问题
- D. 教育问题
- E. 公平正义问题
- F. 征地拆迁问题
- G. 环保问题
- H. 食品药品安全问题
- I. 住房问题
- J. 社会治安问题
- K. 医疗问题
- L. 其他

Q5、您认为目前社会急需解决的环保问题是：
- A. 空气污染
- B. 水污染
- C. 噪声污染
- D. 生活垃圾污染
- E. 工业固体废物污染
- F. 其他

Q6、您对深化"平安浙江"建设有何建议和意见，请畅所欲言？

确 定

图3-41 方便快捷的网络民意调查

3. 网络基本数据调查

网络基本数据调查是指对互联网计算机数量、网民分布、网民数量、域名的分布、信息流量分布等网络基本数据进行的调查统计。目前，中国互联网络信息中心（CNNIC）每隔半年就进行一次网络基本数据的调查，得到了广大网民的积极回应，其即时性和权威性已得到业界的公认（图3-42）。

.cn 实名率与 .cn 钓鱼数量趋势图

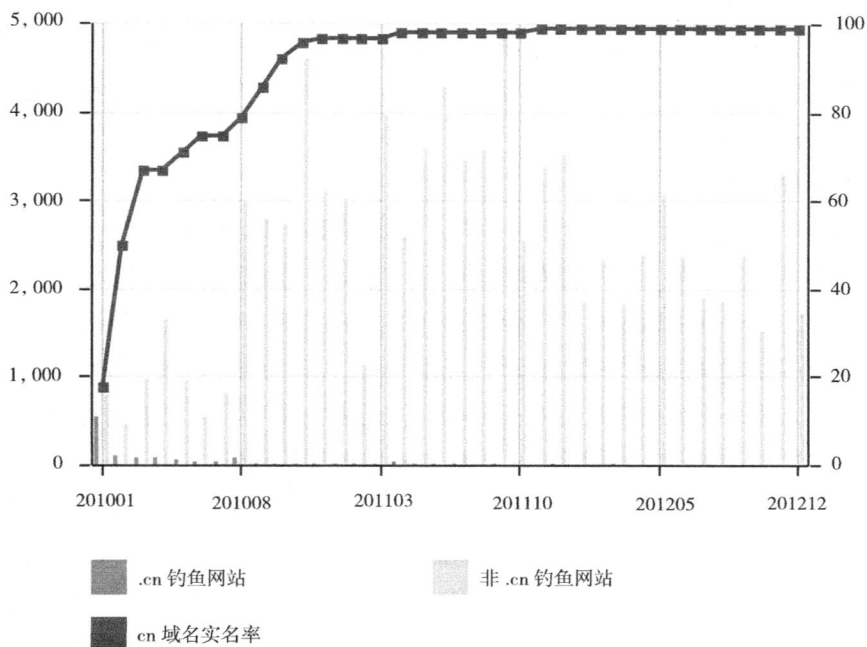

图3-42　中国互联网络信息中心发布的调查数据

4. 敏感性问题调查

敏感性问题主要是指涉及个人机密或者不便于公开表态的一些问题，比如赌博、贩毒、偷税漏税、婚姻等方面的问题。此类问题的调查如果利用传统的调查方式进行，由于涉及个人隐私，往往很难得到被调查者的配合，数据的真实性存在较大问题；而在网络上，因为是匿名的，被调查者比较放松，回答这些问题的时候也能够提供比较客观的数据，有利于得到较真实的调查数据。

5. 超前性问题调查

超前性问题的被调查者往往具有比较高的知识和素质，如意识形态的发展趋势调查，高知识和素质人群的想法可能就是今后不久大众的想法，而这些人基本上都是网民。

基于以上分析，我们在具体运用网络调查时必须注意以下几个问题。

（1）网络调查与传统调查结合使用。一方面，将传统的统计调查方法运用到网络调查中去，使两者相互补充。另一方面，将网上调查和网下调查结合起来，利用网下的小规模调查对网上的调查资料进行补充、修正。

（2）根据调查对象特点决定是否采用网络调查。在网络调查中需要重点考虑调查对象是否上网，网民中是否存在被调查群体，规模有多大。通过实践来看，对一些敏感性问题和一些超前性问题采用网络调查效果可能更好一些。

（3）调查要能激起被调查者的兴趣。问卷不宜过长，问题应简洁易懂，定义清楚，问卷的长度以接受调查的人在10~15分钟内答完为宜，尽可能让被调查者通过点击鼠标来完成。其次，除了在调查表上做足文章外，还可以利用有偿参与、有奖参与等方法来调动被调查者的积极性，被调查者的积极性对问卷的回收率和信息的真实性起着决定性作用。

（三）网络调查的过程与方法

1. 网络调查的样本

网络调查样本可以分为3类：随意样本、过滤性样本和选择样本。

（1）随意样本可由网上的任何人填写问卷，它完全是由网民自我决定的。

（2）过滤性样本是指通过对期望样本特征的配额限制一些自我挑选的未具代表性的样本。过滤性样本通常是以分支或跳答形式安排问卷，以确定被选者是否适宜回答全部问题。最初问卷的信息用来将被访者进行归类分析，被访者按照专门的要求进行分类，而只有那些符合统计要求的受访者，才能填写适合该类特殊群体的问卷。

（3）选择样本用于对样本进行更多限制的目标群体。受访者均通过电话、邮寄、E-mail或个人方式进行补充完善，当认定符合标准后，才向他们发送 E-mail 问卷或直接到与问卷连接的站点。在站点中，通常使用密码账号来确认已经被认定的样本，因为样本组是已知的，因此可以对问卷的完成情况进行监督或督促未完成问卷以提高回答率。

2. 网络调查的步骤

一项完整的计算机网络调查大致要经过制定调查计划、设计问卷、设计数据库、设计网络调查问卷、测试和试调查、问卷的网络发布和开始调查、数据收集和数据分析、提交调查报告等8个步骤（图3-43）。

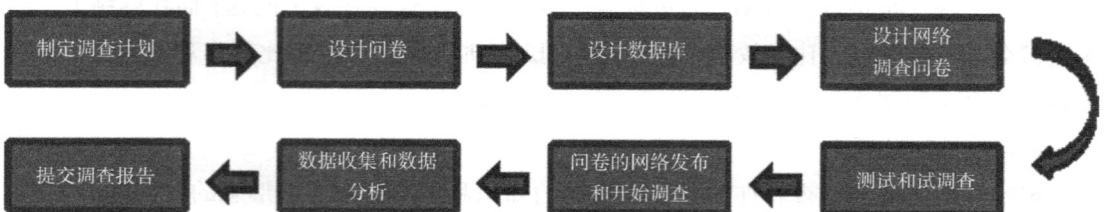

图3-43　网络调查的一般步骤

1）制定调查计划

制定调查计划主要包括确定调查目标、调查内容、调查方法、调查载体、调查对象、调查时间等。此外，对于调查人员（包括整理资料、统计分析人员）、调查经费（尽管网络调查成本低廉，但仍需必要的投入）等，也应做出适当安排。

2）设计问卷

设计问卷主要指形成在计算机网络中进行调查的问题系列的过程。设计问卷过程中主要考虑的问题有：调查群体的性质，包括文化程度、计算机使用的熟悉程度等；调查问题的形式，有选择、判断、填空等；调查问题的数量，一般以不超过一小时的问题量为宜。通过计算机网络进行的调查问卷的设计和普通的问卷设计的区别在于，通过计算机网络进行的调查问卷问题的提问方式要尽量简单易懂，对专业的名词可以给出简单的示例来帮助被调查者完全理解问题的含义，同时尽量多使用选择、判断类的问题。

3）设计数据库

设计数据库指将设计问卷中形成的问题系列按照数据库的设计要求存储在计算机数据库系统的过程。广义的计算机数据库系统指的是使用计算机存储、管理用户数据的软硬件系统，狭义的数据库系统指数据库管理软件。

4）设计网络调查问卷

设计网络调查问卷指为了将数据库中存储的问卷以网页形式表现出来而进行的计算机程序的设计、编码、测试的过程，包括客户端界面设计和后台处理程序设计两个部分。

5）测试和试调查

测试是指对网络调查问卷的客户端界面程序和后台处理程序的测试、修改和完善过程，包括功能、实用性和易用性的测试和修改。试调查主要指对经过测试后的客户端界面程序和后台处理程序在较大范围内的测试和完善，一般包括多用户并发测试、安全测试、数据管理测试、使用方便性测试等。

6）问卷的网络发布和开始调查

经过前边 5 个步骤，已经形成了可以在计算机网络中用来调查的一套程序系统。问卷的网络发布就是将这套程序系统放置到网络服务器上并通知调查对象参加调查，一般包括程序安装和测试以及通知调查对象参加调查 3 个步骤，有时还包括对调查对象的培训。根据调查性质和要求，可以采用的通知手段一般有：行政通知、网络广告等。经过通知后在指定时间就可以开始正式的计算机网络调查了。

7）数据收集和数据分析

调查结束后，所有经过编码的调查数据都已经存储在数据库服务器上，这时要做的工作就是根据研究工作的需要生成统计和细节信息了。一般的数据库系统可以简便地实现基本的统计分析任务，但对专业的数据统计分析，数据库系统是无法实现或实现起来比较麻烦的，这时就需要使用数据库系统提供的数据导出功能将需要的数据导出，然后再使用专业的统计分析软件如 SPSS 进行统计分析。

8）提交调查报告

调查报告的撰写是调查活动的最后一个步骤。每次网络调查都应根据本次调查的目标和任务，实事求是地把调查结果报告出来，反馈给网络调查的参与者、全体网民和整个社会。如果限定仅反馈给网络调查的参与者，只需给网络调查的参与者一个密码就行了。一些简单的网络调查，最好能采用互动形式公布调查结果，其社会效果会更好。

3. 网络调查的常用手段

1）通过电子邮件发送调查表

这是最常见的调查方式。调查者无需有自己的网站，只要有被调查者的电子邮件地址就可以了。

2）利用自己的网站

网站本身就是宣传媒体，调查者完全可以利用自己的网站开展网上调研。

3）借用别人的网站

如果自己的网站还没有建设好，或访问量不大，可以利用别人的网站进行调研。这与传统上在报纸上登调查表相似。

4）适当使用激励手段

由于网络调查需要占用用户的时间和上网费用，因此，作为补偿或者激励参与者的积极性，问卷调查者一般都会提供一定的奖励措施，提供奖励可以提高回收率。奖励可以是物质的，也可以是非物质的，而且确实能够提高用户的参与程度和完成问卷的积极性。

第三节　问卷调查法

一、问卷调查法的概念和类型

问卷调查法（Questionnaire Research）又称问卷法。所谓问卷（Questionnaire）是指社会组织为一定的调查研究目的而统一设计的、具有一定的结构和标准化问题的表格，它是社会调查中用来收集资料的一种工具。问卷调查法也就是调查者使用统一设计的问卷，向被选取的调查对象了解情况，或征询意见的调查方法。

问卷调查法的种类有以下几种：

1. 自填式问卷调查

按照问卷传递方式的不同，自填式问卷可分为邮政问卷调查、报刊问卷调查、送发问卷调查和网络问卷调查。

1）邮政问卷调查

调查者通过邮局向被选定的调查对象邮寄发送问卷，被调查者按照规定的要求和时间填答问卷，然后被调查者通过邮局将问卷寄还给调查者。

2）报刊问卷调查

将问卷刊登在报刊上，伴随报刊传递分发问卷，请报刊读者对问卷作出书面回答，按照规定时间将问卷通过邮局寄回报刊编辑部或调查者（图3-44）。

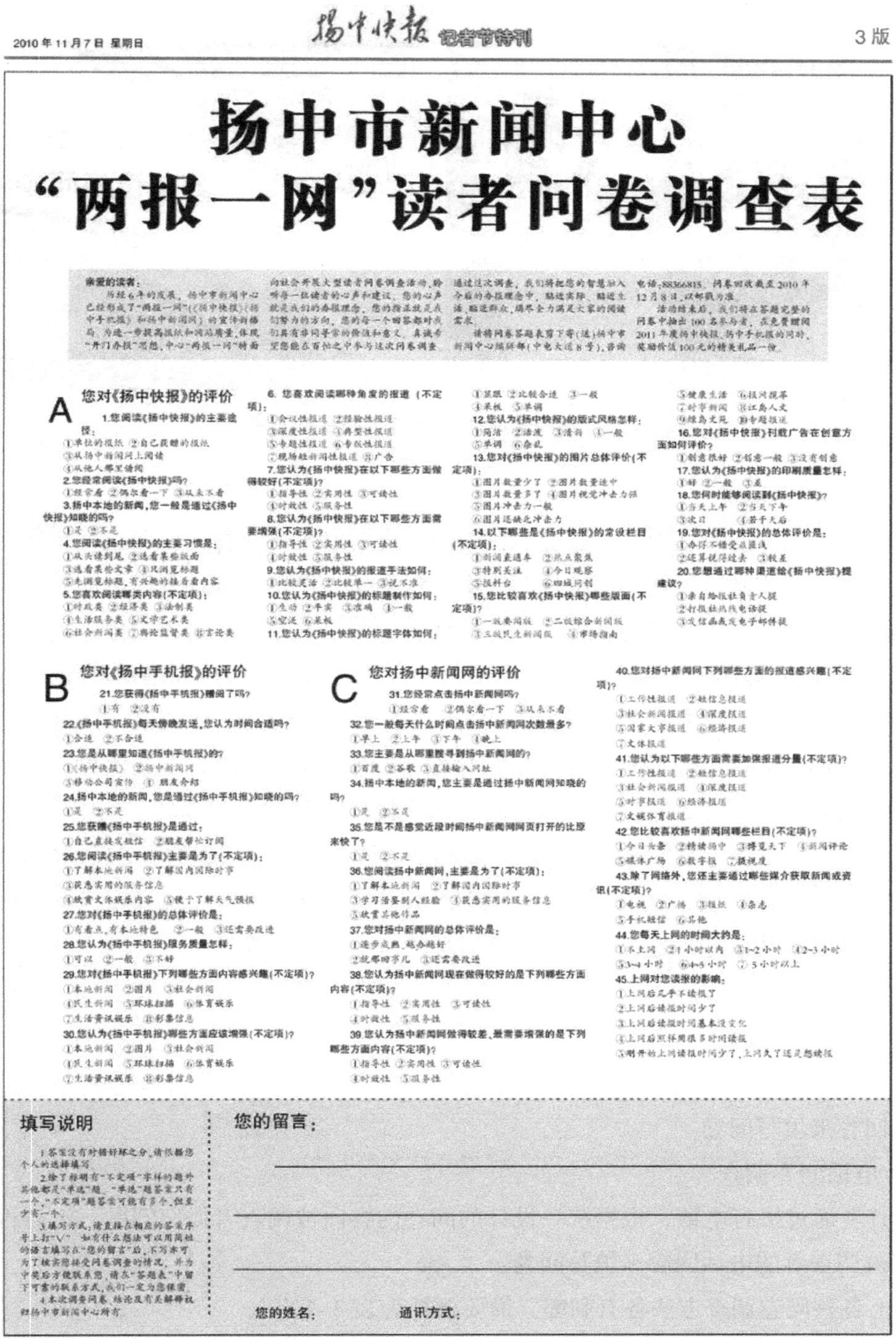

图3-44　报刊问卷调查的一般形式

3）送发问卷调查

调查者派人将问卷送给被选定的调查对象，等待被调查者填写回答完后再派人收回问卷（图3-45）。

图3-45　现场发放问卷是送法问卷的主要形式

4）网络问卷调查

利用现代高科技信息手段，通过因特网向调查对象发送问卷，被调查者按要求填写后发送电子邮箱，或者直接在网络上填写答案，根据事先设定的统计程序可即时查看调查结果。网络问卷调查的形式多种多样，如有奖调查、网上发布、网上评选等，吸引大家的兴趣从而达到预期的效果。网络问卷调查由于其具有独特的优势而得到迅猛发展和广泛应用，其优势主要在于：①成本低；②调查者可以通过选择不同的网站和频道，针对自己的目标选择合适的调查人群展开调查，降低了盲目性；③网络连通全国直至全世界，反馈的地域局限性相对较低；④网络链接的调查页面可以直接发送反馈单，提高了反馈率；⑤对网络调查发生反应、并最终填写调查表的人一般都是对调查项目感兴趣的人，反馈的有效性强；⑥用户的反应方式直接，反应周期短，实时性强；⑦网络调查可以统计点击率，可以作为各种规划方案或其他方案是否能引起大众兴趣的一个参考等等。

2. 代填式问卷调查

1）访问问卷调查

调查者按照统一设计的问卷向被调查者当面提出问题，然后再由调查者根据被调查者的口头回答来填写问卷。

2）电话问卷调查

调查者通过拨打电话，根据统一设计的问卷内容向被调查者提出问题，然后再由调查者根据被调查者的电话回答来填写问卷。

以上各种问卷调查方法各有利弊，简要概括为表3-1。

各种问卷调查方式优缺点比较　　　　　　　　　　　表 3-1

比较项目		调查范围	调查对象	影响回答因素	回答质量	回复率	人力、时间、费用成本
自填式	邮政	较广	有一定控制和选择，回复问卷的代表性无法估计	难以了解、控制或判断	较高	较低	较少、较长、较高
	报刊	很广	难以控制和选择问卷回复代表性差	无法了解、控制或判断	很高	很低	较少、较长、较低
	送发	窄	可控制和选择，问卷回复代表性集中	有一定了解、控制或判断	较低	高	较少、较短、较低
	网络	很广	难以控制和选择，回复问卷的代表性无法估计	无法了解、控制或判断	不稳定	不稳定	较少、可长可短、较低
代填式	访问	较窄	可控制和选择，回复问卷的代表性较强	便于了解、控制或判断	不稳定	高	较多、较短、较高
	电话	可广可窄	可控制和选择，回复问卷的代表性较强	不便于了解、控制或判断	很不稳定	很高	很多、较短、较高

二、调查问卷的结构

问卷是问卷调查中搜索资料的工具，一般由卷首语、问卷说明、问题与回答方式、编码和其他资料五部分组成。

（一）卷首语

卷首语（Recommendation）是写给被调查者的自我介绍信，主要是向被调查者介绍社会调查的目的、意义等。为了能够引起被调查者的重视和兴趣，争取他们的合作和支持，卷首语的语气应当谦虚、诚恳、平易近人，文字应当简明、通俗易懂。卷首语可与问卷说明一起单独作为一页，也可置于问卷第一页的上方。

从示例可以看出，卷首语一般应包括三个方面的内容（图 3-46）：

保障性住房配套设施及满意度调查问卷

居住区名称_____

亲爱的朋友：

　　自杭州实行保障性住房政策以来已有 13 年，为了对保障性住房发展和规划建设情况以及保障性住房社区居民的生活状况有一个充分的了解，杭州市规划局联合浙江工业大学特开展保障性住区的居住情况调查，并对相关生活教育等配套服务设施进行针对性的规划和建设。您不必署名，故无所谓泄密的问题，因此，请您放心大胆地如实填写各项内容。万分感谢！

　　…………

非常感谢您能配合我们的调查，谢谢！祝您生活愉快，阖家幸福！

杭州市规划局
浙江工业大学

图3-46　问卷调查的首语

1．调查单位与调查人员身份

卷首语应当明确介绍社会调查活动的主办单位和调查人员的身份，最好还能够署上组织单位的地址、电话号码、邮政编码、项目负责人和联系人姓名及电话等。从而使被调查者以认真负责的态度参与调查活动，以及提供力所能及的支持帮助。

2．调查目的与内容

应当简明地指出社会调查的主要目的、意义和内容，使被调查者清楚认识到调查活动的社会价值。被调查者会获得自身能够参与调查活动的价值意义和荣誉感，也就会积极予以配合，认真完成问卷回答填写工作。

3．调查对象选取方法与资料保密措施

无论哪一项调查活动，被调查者都会存在或多或少的防范心理。为了消除这种戒心，争取被调查者的合作，要明确地说明调查对象的选取方法和资料的保密措施。

4．致谢与署名

在卷首语结尾处，一定要真诚地感谢被调查者的合作与帮助，并署上主办单位的名称及调查日期。

（二）问卷说明

问卷说明是用来指导被调查者科学、统一填写问卷的一组说明，其作用是对填表的方法、要求、注意事项等作出总体说明和安排。问卷说明的语言文字应简单明了，通俗易懂，以使被调查者懂得如何填写问卷为目标。问卷说明也包括对一些重要的、特殊的、复杂的专业术语进行名词解释等。

（三）问题与回答方式

问卷调查所要询问的问题、被调查者回答问题的方式以及回答某一问题可以得到的指导和说明等（图3-47）。

（四）编码

把问卷中所询问的问题和被调查者的回答，全部转变为 A、B、C、D…或 a、b、c、d…等代号和数字，以便运用电子计算机对调查问卷进行数据处理和分析。

6.您认为孩子上学用多少时间最合理？

（1）小学生：

□步行 10 分钟以内，或自行车 5 分钟以内　　□步行 10-20 分钟，或自行车 5-10 分钟

□步行 20-30 分钟，或自行车 10-15 分钟　　□步行半小时以上，或自行车 15 分钟以上

（2）中学生：

□步行 10 分钟以内，或自行车 5 分钟以内　　□步行 10-20 分钟，或自行车 5-10 分钟

□步行 20-30 分钟，或自行车 10-15 分钟　　□步行半小时以上，或自行车 15 分钟以上

图3-47　特殊的问题形式的回答方式需要特别说明

（五）其他资料

包括问卷名称、被访问者的地址或单位（可为编号）、调查员姓名、调查时间、问卷完成情况、问卷审核人员和审核意见等等，也是对问卷进行审核和分析的重要资料和依据。有的问卷可以在最后设计一个结束语。

三、问卷调查的问题

问卷调查所要询问的问题是问卷的主要内容。要科学设计问卷及其问题，必须弄清楚问题的种类，问题的排列和设计问题应遵循的原则。

（一）问题的种类

根据问卷中的问题内容可分为背景性问题、客观性问题、主观性问题和检验性问题。

1. 背景性问题

主要是被调查者的个人基本情况，包括性别、年龄、民族、政治面貌、文化程度、职业、职务或职称、婚姻状况、宗教信仰、个人收入水平等。如果以家庭等为单位进行调查，还要注意家庭或其他单位的基本情况，例如家庭人口、年龄结构、家庭类型、家庭年收入等等。他们是对问卷进行研究分析的重要依据（图3-48）。

2. 客观性问题

各种事实或行为，包括已经发生和正在发生的。例如："您家的住房建筑面积是多大？"、"您外出上班一般采取哪种交通方式，是乘坐公共汽车、出租车，还是自驾车？"等等，这些都是事实或者行为方面的问题（图3-49）。

一.基本情况

1.您的性别？ □ 男　　　　□ 女

2.你的年龄？

□22 岁以下　□22-35 岁　　□36-45 岁　　□46-55 岁　　□55 岁以上

3.你的学历？

□小学以下　□小学　□初中　□高中　□中专　□大专　□本科　□研究生及以上

4.您的家庭状况？

□未婚　□已婚无小孩　□有小孩在老家　□有小孩在杭州　　□其他

5.您的户籍所在地？ □ 杭州　　　□ 浙江省内　　□ 浙江省外

若您非杭州市民，请回答以下问题：

6.您在杭州的居住时间多久？ □3 年以下　　□ 3-8 年　　　□8 年以上

7.现在您最觉得缺少的的基本公共服务设施（可多选）：

□医疗卫生设施　　□教育设施　　□文化设施　　□体育设施　　□商业设施
□公共绿地　　□养老等社会福利设施　□交通设施　　□不缺　　□其他

图3-48　背景性问题

二.居住情况

1.您的住房情况?

□政府提供的公租房　　　　□ 政府提供的廉租房　□ 自购的经济适用房

2.如果您住在租的房屋中,请回答下列问题,

(1)住房面积:□ 人均小于 10 平方米　□人均大于 10 平方米

(2)每月租金:□ 100-300 元　□300-500 元　□500-800 元　□800 元以上

3.如果您是自购经济适用房,请回答下列问题,

(1)住房面积:□ 人均小于 10 平方米　□ 人均大于 10 平方米

(2)购买总价:□ 0-50 万　　□50-100 万　□100-150 万　□150 万以上

4.您的居住状况:□ 自己住　　□ 和家人同住　　□和朋友或亲戚同住

5.在杭州生活工作期间,在____年之内,您换过____次住所

图3-49　客观性问题

3. 主观性问题

即关于人们的思想、感情、态度、愿望、动机等主观世界状况方面的问题(图 3-50)。

4. 检验性问题

安排在问卷的不同位置,用于检验被调查者所回答的问题是否真实、准确而特别设计的问题。例如在问卷的前面问:"您每个月有哪些支出,总支出大概是多少?",在问卷的后面又问道:"您有哪些方面的收入,月收入有多少?",通过前后对比,就可以验证回答问题的真实和准确程度。

27、　谈谈您对目前城市养老服务设施建设和服务质量的看法?

图3-50　主观性问题

(二)问题的排列

问题的排列也就是问卷中问题的排列和组合方式。合理的问题排列有利于调查者对调查资料进行整理和分析,也方便于被调查者有逻辑性地回答问题。

1. 按照问题的性质或类别排列

把同一性质或类别的问题排列在一起,便于被调查者按照问题的性质或类别先回答完一类问题,再回答另一类问题,不至于回答问题时出现思路中断、混乱或跳动(图 3-51)。

2. 按照问题发生的先后排列

按照问题发生的历史、现状和未来的发展顺序或逆顺序来排列问题,使问题具有连续性、渐进性。

3. 按照问题难易程度排列

遵循人们思考问题的规律,一般应做到:先易后难,由浅入深;先客观,后主观;先一般性问题，后特殊性问题；敏感问题或可能使被调查者产生较大情绪波动的威胁性问题应安排在问卷最后。这样就可以使被调查者获得回答信心和乐趣（图 3-52）。

13.您为孩子选择学校时，最关心什么因素？（只选一个）

幼儿园： □质量好　　□离家近　　□收费低　　□其他原因＿＿＿＿＿＿＿

小学：　 □质量好　　□离家近　　□收费低　　□其他原因＿＿＿＿＿＿＿

初中：　 □质量好　　□离家近　　□收费低　　□其他原因＿＿＿＿＿＿＿

高中：　 □质量好　　□离家近　　□收费低　　□其他原因＿＿＿＿＿＿＿

图3-51　按类别排列的问题

9.您对所在区域的幼儿园的整体感觉怎么样？

□非常满意　　□基本满意　　□一般　　□不满意

　　如果您满意，请填写最重要的理由：

□数量充足　　□分布合理　　□师资力量雄厚，教学质量高

□建筑与教学设施等硬件环境好　　□距离家近　　□收费低

　　如果您有不满意之处，请填写最重要的理由：

□数量不足　　□分布不合理　　□师资力量薄弱，教学质量差

□建筑与教学设施等硬件环境差　　□距离家远　　□收费高

图3-52　按照难易程度递进式的问题

（三）设计问题的原则

问题设计应本着提高问卷回收率、有效率和问题回答质量的根本目的。主要依据的原则是：①客观性原则——设计的问题必须符合客观实际和具体情况。②可能性原则——设计问题应充分考虑被调查者的知识水平和回答能力等。③必要性原则——围绕调查课题和研究假设选择必须的问题展开设计，无关问题或可有可无的问题尽量不要设计。④自愿性原则——充分估计考虑被调查者是否愿意回答，对于不可能自愿或不可能真实回答的问题不应该直接的正面提出，必要的情况下可以委婉地提出或者以相似问题代替。

（四）表述问题的原则

由于问卷调查一般情况下都是自填式的书面回答，被调查者只能根据书面表达来理解问题和回答问题，问题的正确表达就成为问卷设计的重点和难点。

1. 表达问题的一般原则

（1）通俗原则。不要使用过于专业化的术语，问题表述应该通俗易懂。

（2）具体原则。问题要有针对性、具体，不要抽象、笼统。

（3）准确原则。问题用词得当，不可模棱两可或容易产生歧义。

（4）单一原则。问题要一个个地设计和发问，不要混淆在一起提出。

（5）客观原则。表述问题的态度保持中立和客观，不能有倾向性或诱导性语言或情绪。

（6）简明原则。问题表述语言应力求简单明白，切勿冗长或啰嗦。

（7）习惯原则。尽量不要使用否定句等人们不习惯的形式、语言、用语，不要自造概念或语义表达方式，问题设计应符合人们的日常生活习惯。

2．特殊问题的表述方式

对于一些敏感性强、威胁性大的特殊问题，应该在表述时进行适当加工处理，以便于被调查者轻松面对这些问题并坦率作出真实回答。具体方法有：

（1）假设法。即规定该问题为假设的、非现实的判断。例如："如果有重点小学配套，您愿意在那个居住区继续居住吗？"。

（2）转移法。即把回答问题的人员转移到他人身上，再由被调查者对他人的回答作出评价。

（3）解释法。在问题前写出一段能够消除疑虑的功能性文字。例如："城市规划是一种政府行为，但其最终要体现的却是广大人民的意志和利益，因此，广大市民应该积极参与城市规划的编制，多提意见，献计献策。您认为该区块本次控制性详细规划存在哪些问题？"。

（4）模糊法。对某些敏感问题设计出一些比较模糊的答案，或者界定一定的范围，以便于被调查者作出真实性的回答。例如收入是一个敏感问题，许多人不愿意说出具体的数字，这就可以按照"问卷调查特殊问题模糊法示例"进行处理（图3-53）。

2.如果您目前有工作，您个人的月收入是？

□ 10000 元以上　　□ 5000-10000 元　　□ 2000-5000 元　　□ 2000 元以下

图3-53　收入问题可以采用区间方式进行模糊化处理

（五）问题数量的控制

一份问卷究竟应包含多少个问题才适宜，并没有统一的规定，应根据问卷设计者的研究目的、内容、样本的性质、分析方法以及人、财、物和时间等因素具体确定。一般的原则是，问卷越短越好，越长越不利于调查。根据经验，一份问卷中的问题数目，应控制在被调查者在 20 分钟以内能够顺利完成为宜，最长不宜超过 30 分钟。问题过多、问卷过长会造成回答者心理上的厌烦情绪和畏难情绪，影响调查质量和回复率。

四、问卷调查的回答

问卷调查的问卷，对于被调查者来讲就是一份试卷。回答有三种类型：开放式回答、封闭式回答和混合式回答。调查问卷中的回答大部分都是封闭式回答。

（一）回答的类型

1. 开放式回答

又可称为简答题，即对问题的回答不提供任何答案，由被调查者自由填写。开放式回答的灵活性大，适应性强，有利于发挥被调查者的主动性和创造性，提供更多的信息，特别是可能发现一些超乎预料、具有启发性的回答（图3-54）。但是，开放式回答的标准化程度低，问卷整理、统计和分析比较困难，对被调查者的写作能力要求较高，填写问卷需要较多时间，并且容易出现许多一般化或无价值的答案，从而降低调查问卷的效度。

对张大爷的访谈
问：这里居住的人看起来大都是老年人，你能介绍一下这里居住的人群原来都是什么单位的吗？
答：在此居住的居民的单位：所属单位较为复杂，包括铁路系统、291厂、609厂、电缆厂、白酒厂、印染厂等。这里的住房是所属单位的房产，住户有的选择买下居住权则不用交房租，其他的需要交房租，但有的单位对房租卡的不严，也没有人来收，因此老年人可以在经济不宽裕的情况下安心的住在这里。
问：您能简单说一下居住在六段工人新村的老年人是怎么聚集在这里的吗？
答：丁字沽六段工人新村1953年进住，住房大小一般为18平米的住房+7平米的阳台。住户大概已经有3批住户。每次轮换都是所属单位对职工住房的调整：调出子女达到13岁以上，尤其是育有两个异性子女的家庭，调入新参加工作，新成立家庭的职工。每次调换间间隔10年左右，调出与调入的职工之间年龄差距大致为17岁至20岁。这样导致丁字沽六段的居民大致分为三个年龄段，每次轮换产生一个年龄段的居民。最初入住的居民现已经80岁左右，为数不多；第一次轮换迁入的居民成为第二批居民，年龄段在55~60岁左右，现在还有一定人居住在这里；第二次轮换迁入的为第三批居民，现年龄在40~50岁左右。其后没有在进行轮换。

图3-54　开放式问题的回答

2. 封闭式回答

又可称为选择填空题。即将问题的答案全部列出，然后由被调查者从中选择一项或多项填写，又可具体分为填空式、两项式（是否式）、多项式、顺序式（等级式）、矩阵式（表格式）、后续式（追问式）等多种类型。

（1）填空式——在问题后面的横线上或括号内直接填写出答案（图3-55）。

个体信息：

您的年龄：＿＿＿＿＿＿＿＿＿＿＿＿[请直接填写内容]

您的教育程度：＿＿＿＿＿＿＿＿＿[请直接填写内容]

您从事的行业：＿＿＿＿＿＿＿＿＿[请直接填写内容]

图3-55　填空式问卷

（2）两项式（是否式）——问题的答案只有两种，或者"是"、"否"两种（图3-56）。

（3）多项式——供选择的方案不止两个，可以一个或多个答案（图3-57）。

1. 您是否知道成都市公布的紧急避难场所？
   □是　　□否
   您是在何时知道这些紧急避难场所？
   □地震发生前　　□地震发生后
2. 您是否在城市中看见过"应急避难场所"的标志？
   □是　　□否

图3-56　判断式问卷

3. 您是怎样待在户外的？
   □自搭帐篷　　□在空地搭地铺　　□支简易行军床　　□在建筑物雨棚或门廊下铺地铺
   □搭简易的棚子　　□住单位统一搭建的抗震棚　　□使用公共座椅上　　□自带座椅
   □席地而坐　　□汽车内　　□其他，请说明：＿＿＿＿＿＿＿＿＿＿
4. 您都在哪里过夜？（可多选）
   □家附近街道的人行道　　□道路绿化带　　□街头绿地或空地
   □小区内绿地或空地　　□广场[包括操场、运动场]
   □公园里　　　　　　　　□河边
   □其他空地，请说明：＿＿＿＿＿＿＿＿＿＿

图3-57　选择式问卷

（4）顺序式（等级式）——列出多个答案，被调查者按照先后顺序或不同等级进行填写（图3-58）。

22. 您认为在下沙新城建设方面，最需要解决的三个问题是什么？＿＿＿、＿＿＿、＿＿＿。
   ① 大力发展工业；② 加快住宅建设；③改善城市交通；④ 增加文教体卫设施；⑤ 加快新区建设；⑥ 加快村庄改造；⑦ 增加城市绿地；⑧ 治理环境污染
23. 您认为影响您在下沙创业的重要因素有哪些？（选您认为最重要的3个）
   □控制土地房产使用成本　　□加强基础设施建设　　□加强产业配套建设
   □减少政府行政干预　　　　□简化投资手续，强化管理　　□提高政府工作效率
   □减少税收，降低费率　　　□提高公务人员素质　　□加强城市形象建设

图3-58　顺序式问卷

（5）矩阵式（表格式）——将同一类型的若干个问题集中在一起，共用一组答案，从而构成一个系列的表达方式（图3-59）。

（6）后续式（追问式）——为了防止出现一个问题仅与部分回答有关，而大部分都回答"不知道"、"不是"、"不适合于本人"等的情况而作出的设计（图3-60）。

封闭式回答的优点在于：回答是按标准答案进行的，答案容易编码，便于使用计算机输入信息、统计和定量分析，回答问题的时间比较节省，且容易取得被调查者的配合。其

六、对下沙生活学习条件的满意度调查

	很满意	较满意	一般	不满意	很不满意
（1）房价/租金	☐	☐	☐	☐	☐
（2）公共交通条件	☐	☐	☐	☐	☐
（3）出行耗费的时间	☐	☐	☐	☐	☐
（4）教育设施	☐	☐	☐	☐	☐
（5）医疗设施	☐	☐	☐	☐	☐
（6）商业购物设施	☐	☐	☐	☐	☐
（7）文化娱乐设施	☐	☐	☐	☐	☐
（8）卫生设施	☐	☐	☐	☐	☐
（9）体育设施	☐	☐	☐	☐	☐
（10）绿地公园	☐	☐	☐	☐	☐
（11）归属感（社会氛围）	☐	☐	☐	☐	☐
（12）物价（与主城区相比）	☐	☐	☐	☐	☐
（13）工业对学习生活的影响	☐	☐	☐	☐	☐
（14）高校对学习生活的影响	☐	☐	☐	☐	☐
（15）村庄对学习生活的影响	☐	☐	☐	☐	☐
（16）政策管理与服务	☐	☐	☐	☐	☐

请对以上 16 项要素按其重要程度由高到低进行排列：＿＿＿＿＿＿＿＿

图3-59 矩阵式问卷

1. 在强震发生后余震又不断的情况下，您是否一直居住在家里？
   ☐否　　☐是
   如选否，请继续回答第 2 题。如是，请转到第 18 题。
2. 您一共在户外居住了几天？请填空[　　　　]是哪几天？
   ☐5月12日　☐5月13日　☐5月14日　☐5月15日　☐5月16日　☐5月17日
   ☐5月18日　☐5月19日　☐5月20日　☐5月21日　☐一直住在室外
   ☐其他，请说明：＿＿＿＿＿＿＿＿＿＿＿＿

图3-60 后续式问卷

缺点在于：缺乏弹性，容易造成强迫性回答，也有可能造成不知如何回答或认识模糊的人乱填答案，容易使缺乏认真负责态度的被调查者敷衍了事。

3．混合式回答

混合型回答是指封闭式回答与开放式回答的结合。实际上，上例既是后续式回答，同时也是混合式回答。混合型回答综合了封闭式回答与开放式回答的优缺点，但是，由于混合式回答一般比较复杂，不利于调查问卷的简明原则，非特殊情况不宜使用。

（二）设计答案的基本原则

设计答案应遵循的一些基本原则：①解释性原则——设计的答案必须与询问的问题具有相关关系，能够解释回答所询问问题。②完整性原则——设计的答案应努力穷尽一切可能的答案，起码应是主要的答案。③同层性原则——设计的答案必须具有相同的层次或等级关系。④可能性原则——设计的答案必须是被调查者能够回答和愿意回答的。⑤互斥性原则——设计的各个答案必须是相互排斥和不能代替的等等。

五、问卷调查法的实施

（一）问卷调查的程序（图3-61）

图3-61　问卷调查的程序

1．设计调查问卷

经历选择调查课题、开展初步探索、提出研究假设等几个步骤，设计问题和问卷，将口头语言变成书面语言，按照各种要求设计问题和答案等。

2．选择调查对象

问卷调查的调查对象可用抽样调查方法选取，也可以把有限范围如某一个企业内的全部成员当作调查对象。

3．分发问卷

采用邮寄、报刊、送发等分发方式将问卷交给被调查对象填写和回答。

4．回收和审查整理问卷

在分发问卷以后，应及时提醒被调查者将要回收问卷的时间和回收方式等，然后采取一定的回收方式将问卷收回，并进行审查和整理加工。

5．统计分析和理论研究

利用计算机对问卷进行统计分析，根据统计分析结果开展理论研究等。

（二）提高问卷回复率的技巧

在问卷调查法中，问卷的回复率是问卷有效率的基础，关系到整个问卷调查的效度，是整个问卷调查工作成败的重要标志，因此努力提高问卷的回复率就是一个需要重点思考的关键性问题。影响到问卷回复率的因素很多，可以从以下几个方面进行努力：

1．恰当选取被调查者

被调查者的工作生活背景、现状工作生活繁忙程度、对课题的理解程度、合作态度、回答书面问题的能力等往往对问卷回复率产生较大影响。为提高回复率，一般应当选择有一定与问卷调查内容接近的工作生活背景、对课题能够较深入理解、有一定文字表达能力的被调查者，问卷调查工作也应当尽量避免占用被调查者的工作和生活较多的时间和精力。

2．合理选取问卷发送形式

调查方式对问卷的回复率具有重大影响，在条件允许的情况下应尽可能采用访问问卷、送发问卷或电话问卷等回复率较高的发送方式进行调查（表3-2）。

问卷调查方式回复率经验比较 表3-2

问卷方式	报刊问卷	邮政问卷	电话问卷	送发问卷	访问问卷	网络问卷
回复率	10%~20%	30%~60%	50%~80%	接近100%	接近100%	可高可低

3．注重选题的吸引力和问卷设计质量

调查课题是否具有吸引力、被调查者是否有回答意愿和兴趣以及问卷的设计质量如何等，是提高问卷回复率的根本性和核心性问题。而社会生活中的重大问题、热点和焦点问题、与被调查者切身利益相关的问题、新鲜事物等，往往能够引起被调查者的浓厚兴趣和较大的回答积极性。问卷的质量取决于问卷的内容、问题的表述以及回答的类型和方式，也取决于问卷的形式、长度和版面设计等。

4．争取权威机构和知名单位支持协助

问卷调查主办单位的权威性和知名度往往对被调查者对参与问卷调查的信任程度和合作意愿产生重大影响。党政机关和企事业单位、上级机关和下级机关、专业性机构和一般性机构、单位集体和个人、教师和学生等相比较，前者往往比后者更能够获得更大支持合作，问卷回复率也就更高。

（三）无回答和无效回答

1．对无回答和无效回答研究的必要性

在问卷调查工作过程中，总会出现无回答（Answer Absence）或无效回答（Useless Answer）的情况，这些问卷和具体情况不应当置之不理，应有针对性地开展研究。这样做既是评价调查结果、说明调查结论的代表性和适用范围的需要和必要性工作，同时也有利于及时总结和改进问卷调查的具体工作，因为无回答或无效回答的出现，本身就是既有被调查者的客观原因，也有调查者的主观原因。

2．无回答和无效回答的研究方法

对于无回答的研究，应根据具体的调查方式采取不同的方法。例如访问问卷和电话问卷在调查时即应当追问原因；送发问卷应通过送发机构或送发人员问询原因，对于邮政问卷、报刊问卷和网络问卷等的情况研究起来比较困难，可以重点关注于无回答的对象是否集中分布于某些地区、某些行业等，或者是人为因素所致。对于无效回答的研究，应对无效问卷的研究为重点，研究其无效的原因、频率、类型和分布等。总结出哪些是个性问题，哪些是共性问题。如果是共性问题，就应该查找问卷的设计失误及其原因，如问题选择是否恰当，表述是否正确，回答说明是否不清楚，问卷内容是否过于冗长等等。进而归纳问题，改进问卷设计。

第四章

资料分析

　　在调查任务完成之后，我们就开始进入分析研究阶段，这是由调查研究的感性认识向理性认识转变的阶段，从很大程度上决定了整个调查研究工作的质量。然而，通过社会调查所获得的结果，往往只是很粗糙、表面、零碎的第一手资料，这些资料需要经过检验、整理、统计分析和理论分析等加工工作，才能使之系统化、条理化，以集中、简明的方式反映被调查对象的总体情况，以形成相应的调查研究报告，并最终运用于后续的深入分析。

第一节　资料整理

一、资料整理的含义与意义

（一）资料整理的含义

城市社会调查资料整理，是根据城市社会研究的任务与要求，运用科学方法，对调查得来的各种原始资料进行科学的整理与加工，使之系统化、条理化，从而得出反映总体特征的综合资料，包括系统地积累资料和为研究特定问题对资料的再加工。

社会调查所获得的资料，一般包含文字、数字、问卷、影视、实物等不同类型，而其中以文字、数据、问卷三类资料最为常见，本节即主要介绍这三类资料的整理方法。

（二）资料整理的意义

原始的社会调查资料是分散的、杂乱的、不系统的，只能表明各个被调查单位的具体情况，反映事物的表面现象或一个侧面，不能说明事物的全貌、总体情况。因此，只有对这些资料进行加工整理，才能认识城市问题的总体情况及其内部联系。

调查资料整理，是城市社会调查工作的继续，也是城市问题分析的前提，在整个调查与分析工作中具有承前启后的作用。它对整个城市社会调查研究工作有着重要的意义。

（1）提升调查资料质量及其使用价值的必要步骤

通过各种调查方法所获得的调查资料，特别是大量的第一手资料，往往是分散、凌乱的，而且也难免存在着虚假、差错、短缺、冗余等不良现象。这些现象会降低调查资料的质量和使用价值，无法直接运用于研究工作。要解决这些问题，除了在调查阶段就进行筛选、甄别之外，更重要的是在研究的初期进行资料整理。

（2）研究资料的重要基础

正确、有价值的调查研究结论，是建立在科学的统计和分析的基础上的，而这又依赖于真实、准确、完整的调查资料。在进行正式的资料分析之前，应认真鉴别和整理调查资料，修正或舍弃不合格的基础资料，从而在统计分析和理论分析之前就消除各种差错，便于顺利地进行研究、分析，并获得更科学的结论。

（3）它是保存资料的客观要求

城市社会调查所获得的资料，不仅可以用于某一次研究与分析，而且可以为今后类似或相关研究提供基础资料。实践证明，真实、准确的调查资料，往往具有长久的研究价值，而且其价值会在一定程度上随着时间的推移而增加，因此，合理地整理调查所用的客观资料，既是本次研究的要求，也是资料长期保存和多次利用的客观需要。

（三）资料整理的原则

与一般的调查、统计相同，城市社会调查资料整理有如下原则：

（1）真实准确

用于保存和后续分析的资料，必需是客观的、实事求是的，而不应弄虚作假，也不应由调查人员主观臆断。此外，整理后的资料还应是语义明确的，不能含混不清或资料、数据前后矛盾。

（2）完整统一

整理所得的资料，应该能够全面、完整地反映调查对象的整体状况。要保证资料的完整性，应注意对调查对象的操作定义、调查方法、指标设定、单位核定、数据计算等方面协调统一，为下一步的研究与分析工作提供有效的基础。

（3）简明集中

整理后的资料，应尽可能地系统化和条理化，并以简明、集中的方式反映调查对象的总体情况。如果整理后的资料仍旧是杂乱无章、臃肿的，则让人难以对调查对象形成一个完整、清晰的印象，会给进一步的研究增加许多困难。

（4）视点新颖

整理调查的结果，应尽可能用合理而又新颖的视点来反映调查对象，避免用过于陈旧的思路，以便于发现新的思路，得出新的有价值的观点。

二、文字资料的整理

城市社会调查中的文字资料包括两大类：实地观察、访问的记录和搜集的各种历史文献。由于定性资料基本上属于文字资料，因此一般也把文字资料整理称作定性资料整理。由于文字资料在来源上存在差异，所以其整理方法也略不同，但是通常情况下可划分为审查、分类和汇编三个基本步骤。

（一）文字资料的审查

所谓审查（Censor），就是通过仔细推究和详尽考察，来判断、确定文字资料的真实性和合格性。

文字资料本身的真实性审查也称信度审查，即判断资料本身是否是真品以及它是否真实可靠地反映了调查对象的客观情况。它是指通过细究和考察以判明调查所得的文献资料、观察和访问记录等文字资料本身的真伪。文字资料的真实性审查也称可靠性审查，它包括两个方面：一是文字资料本身的真实性审查，二是文字资料内容的可靠性审查。

文字资料的真实性审查一般采用两种方法：

外观审查，即从作者、编者、出版者、版本、印刷技术、纸张等外在情况来判断文献的真伪。

内涵审查，即从文献的内容，使用的词汇、概念，写作的技巧和风格等内在情况来判断文献的真伪。

观察和访问记录等文字资料的真实性审查，还可从记录的时间、地点、内容、语言、字迹和所使用的墨水等情况来判断其真伪。实践证明，内容贫乏、时间重叠或不填时间、语言雷同、字迹和墨水相同的记录，则可能是观察员、访问员伪造的记录。

文字资料内容的可靠性审查，是指通过细究和考察以判明文字资料的内容是否真实地反映了调查对象的客观情况。

文字资料的可靠性审查，一般采用三种方法：

根据以往实践经验来判断资料的可靠性，如果发现资料中有明显违反实践经验的东西，那么就应该重新调查或核实。

根据资料的内在逻辑来检验资料的可靠性，如果发现资料内容有逻辑矛盾，或者违背事物发展的客观规律，那么就应该对这些资料重新核实或做补充调查。

根据资料的来源来判断资料的可靠性。一般地说，当事人反映的情况比局外人反映的情况可靠性大一些，多数人反映的情况比少数人反映的情况可靠性大一些，有文字记录的情况比在人群中口耳相传的情况可靠性大一些，多种来源互相印证的情况比单一来源反映的情况可靠性大一些，引用率高的文献比引用率低的文献可靠性大一些。

文字资料的合格性审查，主要是审查文字资料是否符合原设计要求。如果对调查对象的选择违背了设计要求，调查指标的解释和操作定义的使用发生了错误，有关数据的计算公式不正确、计量单位不统一，或者对询问问题的回答不完整、不符合要求，甚至答非所问，以及记录的字迹无法辨认等等，都应该列入不合格的调查资料。

对不真实或不合格的调查资料，一般都应该进行补充调查，使之成为真实的、合格的调查资料；在无法进行补充调查时，就应该坚决剔除，弃之不用，以免影响整个调查资料的真实性和科学性。

（二）文字资料的分类

所谓分类（Sort），就是指根据资料的性质、内容以及研究要求对其进行归类。资料的分类有双重意义，对于全部资料而言是"分"，即将不同的资料区别开来；对于单个资料而言是"合"，即将相同或相近的资料合为一类。所以分类就是将资料分门别类，使得繁杂的资料条理化系统化，为找出规律性的联系提供依据。

对资料进行分类的方法有两种，即前分类和后分类。前分类，就是在设计调查提纲、调查表格或调查问卷的时候，就按照事物或者现象的类别，设计调查指标，然后再按照分类指标搜集资料，整理资料。后分类，是指在资料收集起来之后，再根据资料的性质、内容或特征，将它们分别集合成类。后分类适合于那些实在无法对可能的答案进行预测的问题，比如说问卷中的开放式问题等。

（三）文字资料的汇编

所谓资料的汇编（Compile），主要是指根据调查研究的实际要求，对分类完成之后的资料进行汇总、编辑，使之成为能反映调查对象客观情况的系统、完整的材料。资料的汇编既可以按人物、也可以按事件发生的时间顺序或者按事件发生的背景以及按分析的要求进行。文字资料的汇编，首先，应根据调查的目的、要求和调查对象的具体情况，确定合理的逻辑结构，使汇编后的资料既能反映调查对象总体的真实情况，又能说明调查所要说明的问题；其次，要对分类资料进行初步加工。例如，给各种资料加上标题，重要的部分标上各种符号，对各种资料按照一定逻辑结构编上序号等等。汇编工作既要求完整，又要求简明。

三、数字资料的整理

数字资料是社会调查中最具价值的重要资料，主要是指所收集到的数字及其组成的图文、图表资料。另外，很多文字资料，在经过了审核、分类并赋予一定数值之后，也转化成了数字资料。数字资料是调查研究中定量分析的依据，因此数字资料的整理也叫定量资料的整理。

（一）数字资料的检验

所谓数字资料的检验，就是通过经验判断、逻辑检验、计算审核等方法，检查、验证数字资料的完整性和正确性。数字资料的完整性检查，主要检查被调查单位是否有遗漏，及各个单位填报的表格是否齐全，此外还应检查每张调查表格的填写是否完整。而正确性检查，主要看数据是否符合实际情况，以及计算、统计方法是否准确、合理。若检验中发现问题，应及时纠正或修正，必要时对部分内容重新进行调查。

（二）数字资料的分组

所谓数字资料的分组，就是选用合理的标准，把调查的数字资料划分为不同的部分，便于考查各组的特征，进而分析整个事物内部的构成状况，以及各事物间的相互关系。数字资料的分组包括如下步骤：

（1）确定分组标志。即选用合理的分组标准或依据，例如质量标准、数量标准、空间标准或时间标准；

（2）确定分组界限。包括确定组数、组距、上下限，以及按合理的方法计算组中值。组中值一般采用如下方法确定：

$$组中值 = \begin{cases} \dfrac{上限 + 下限}{2} & （封闭组）\\[2mm] 下限 + \dfrac{相邻组的组距}{2} & （缺上限的开口组）\\[2mm] 上限 - \dfrac{相邻组的组距}{2} & （缺下限的开口组）\end{cases}$$

（3）编制变量数列。把数量标志的不同数值编制为数列，并纳入不同的变量数列表。这里的变量，指的是在统计时，各个数量标志中可以取不同数值的量。

（三）数字资料的汇总

所谓数字资料的汇总，就是根据社会调查和统计分析的研究目的，把分组后的数据汇集到有关表格中，并进行计算和累加，从而集中反映调查对象的总体数量。目前，汇总工作多采用计算机软件完成。

（四）统计图表的制作

统计图表作为数据汇总结果的体现方式，其制作通常成为数字资料整理的必要步骤。统计表是记录、反映汇总结果的表格，用于统计资料的公布。而统计图也是表现数字资料的一种形式，能形象、直观地反映数字资料的状况，它包括几何图、象形图、统计地图等多种形式。统计图表的制作，除采用目前较常用的 EXCEL、SPSS 等软件之外，必要时也可采用 Matlab、ArcGIS 等更专业的工具软件。

四、空间数据的处理

城市社会调查，所获取的数据，往往不是抽象的数据，而是具有空间分布特征。抽象的属性数据与地域或空间对象相关联，进行更为综合的分析，能更深刻地揭示城市社会的内在特质。GIS（Geographic Information System，地理信息系统）技术的发展，为城市社会调查与研究提供了新的技术支持。

传统的社会调查，一般只用到普通的数据库，甚至仅用到 EXCEL 等软件，而未采用计算机数据库技术。随着 GIS 技术的发展，这一技术在城市研究中的应用日益广泛，并在空间问题的分析中发挥了不可替代的作用。本节简单介绍空间数据的前期处理技术。

（一）空间数据的获取

空间数据是城市相关事物属性的载体。城市社会调查研究中，所需的空间数据一般在测绘或规划部门有存档。若不便获取，或者数据不完整，可以通过以下几种主要的方式生成：

（1）在 GIS 软件中手绘。这种方式对于少量或形状精度要求不高的情况下可以采用。但对于大量的地物，或者精度要求较高，则不太方便。原因在于一般 GIS 软件侧重于空间数据的处理与分析，而绘图功能不够完善，例如 ArcGIS，虽然提供了一系列绘图功能，但与 AutoCAD 这样的专业软件相比，还是有很大的差距。

（2）用 AutoCAD 绘制，然后导入 GIS 软件。ArcGIS 作为主流的 GIS 软件，与 AutoCAD 具有较完善的兼容性。AutoCAD 能够精确绘制各种点、线、面物体，而 ArcGIS 能分别从 CAD 文件 (*.dwg) 中读取上述三类地物（图 4-1）。

（3）从 GPS 工具中导入定位信息。通过 GPS 工具，在调查过程中记录位置、路线等信息，然后导入 ArcGIS 等数据库中。

（4）运用遥感技术获取。这种方式，可以结合第一种方式，或者在遥感图像中解译完成后导入 GIS 软件。

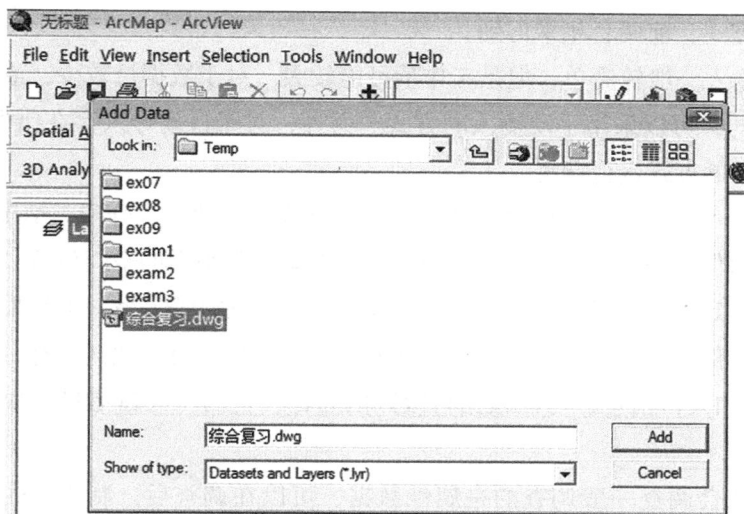

(a)

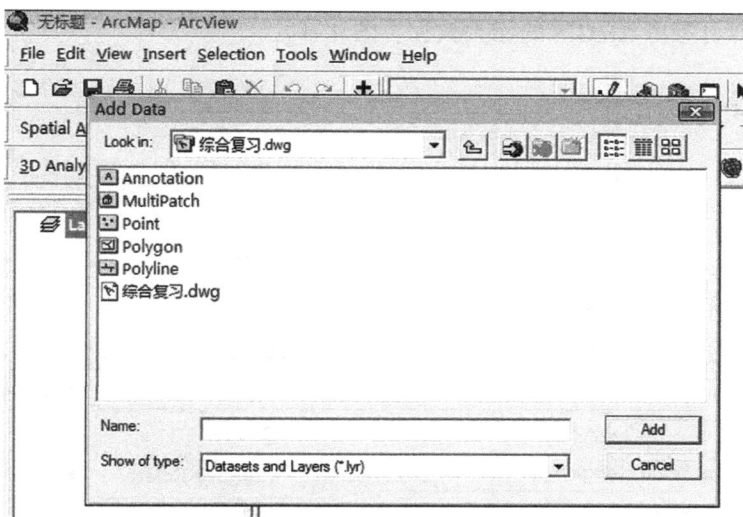

(b)

图4-1 从CAD文件中导入空间信息

（二）属性数据的创建与录入

属性数据是城市社会调查研究中最重要的数据。在完成空间信息录入之后，就需要完成属性数据的录入。在GIS中，一般属性数据的输入方式可以有如下三种：自动计算、手动输入、自动导入。

（1）自动计算，一类情况是针对面积、长度等几何特性（Calculate Geometry），但前提是有合适、精确的坐标或相对坐标；另一类情况，是针对几个相互关联的量：例如计算土地价格，若已有土地单价、土地面积两个字段，且已赋值，则可以通过字段运算（Field

Calculator）的方式，前两者相乘得到。

（2）手动输入一般较简单，但是工作量可能较大。对于数据量较少，或者因前期资料无法自动导入的，可以采用手动输入的方式。另外，对于自动导入存在错误的部分数据，也需要采用手动的方式进行调整。

（3）自动导入，在数据量较大时是最适用的方式。自动导入分两类情况：一类是根据要素之间的空间位置关系自动运算，如地图上已有学生和小学的空间位置，可以根据就近原则，将学生指定到最近的小学上学，并自动计算上学的距离；另一类是根据属性间的对应关系自动添加信息，如两个关于各行政区属性的表，均含有行政区名称，分别含有行政区的 GDP 信息和人口信息，可以根据行政区的名称，自动将人口信息添加到另一种表格上去。

鉴于城市社会调查一般调查的是属性数据，可以在调查后，制成 EXCEL 电子表格，然后运用 ArcGIS 的空间合并与关联功能，完成属性数据的导入（图 4-2）。合并或关联时，属性表与空间对象应具有对应的标志（如 ID 号），并且在合并或关联后，另存成新的 *.shp 文件，具体内容可参考 ArcGIS 的相关教程（图 4-3）。

(a)

图4-2 运用ArcGIS自动导入属性数据（一）

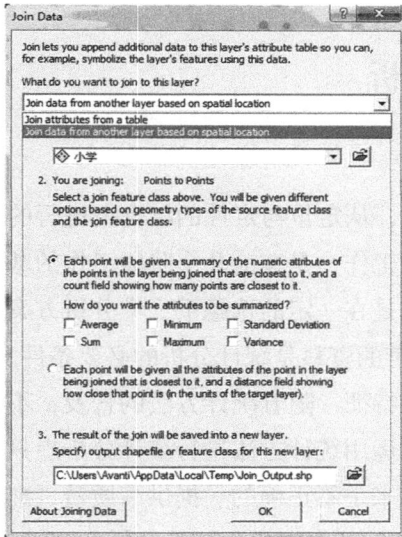

(b)

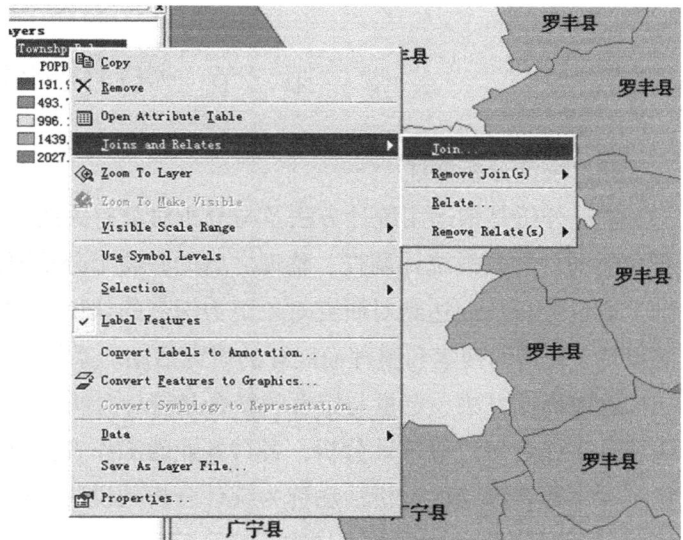

(c)

图4-2　运用ArcGIS自动导入属性数据（二）

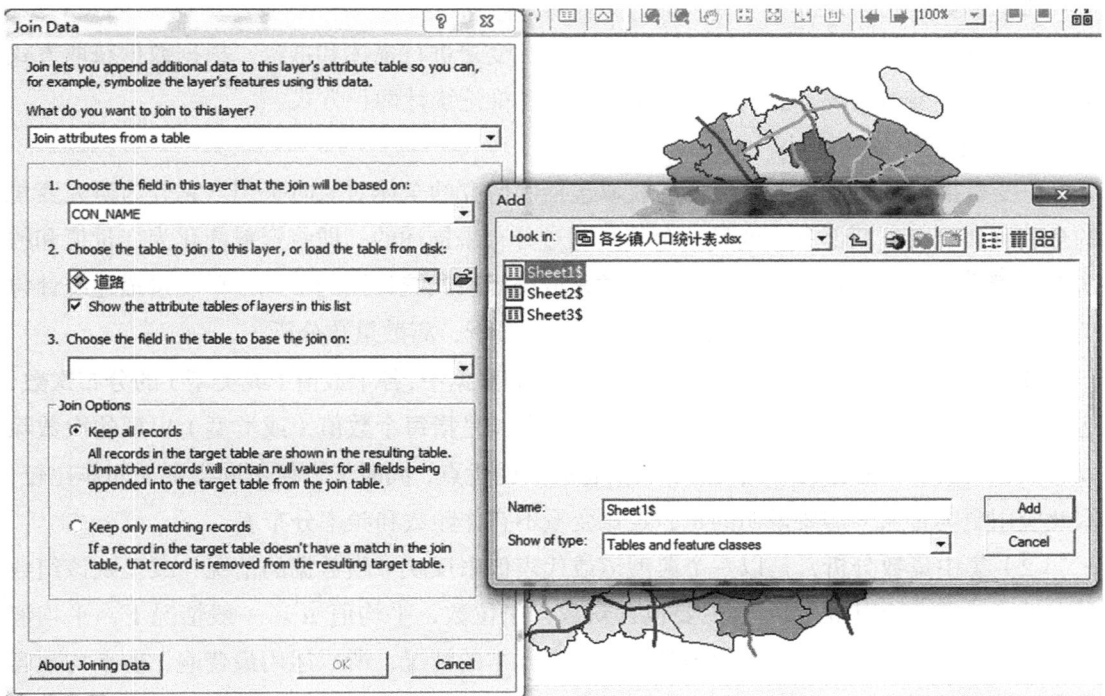

图4-3　空间对象与属性表的关联

第二节　资料统计分析

一、统计分析概述

统计分析是指运用统计方法及与分析对象有关的知识，从定量与定性的结合上进行的研究活动。它是继统计调查、整理之后的一项十分重要的工作，是在前几个阶段工作的基础上通过分析从而达到对研究对象更为深刻的认识。它又是在一定的选题下，集分析方案的设计、资料的搜集和整理而展开的研究活动。系统、完善的资料是统计分析的必要条件。

运用统计方法、定量与定性的结合是统计分析的重要特征。随着统计方法的普及，不仅统计工作者可以搞统计分析，各行各业的工作者都可以运用统计方法进行统计分析。只将统计工作者参与的分析活动称为统计分析的说法严格说来是不正确的。提供高质量、准确而又及时的统计数据和高层次、有一定深度、广度的统计分析报告是统计分析的产品。从一定意义上讲，提供高水平的统计分析报告是统计数据经过深加工的最终成果。

二、单变量统计分析

单变量统计分析，是在一个时间点上对某一变量进行描述和推论。根据数据获取方式的不同，对单变量的统计分析可分为描述统计和推论统计两种方式。

（一）单变量描述统计

单变量描述统计，一般在数据的获取包括了研究的全体对象时采用。它分为研究变量的全貌和典型特征两部分。变量的全貌是通过分布来描述的，即将资料简化为变量值和频次对的集合。为了使这种分布更直观，常采取统计表式统计图的形式。单变量描述统计包括如下三个方面的内容：频数和频率，集中量数分析，离散量数分析。

（1）频数和频率。频数分布，是在调查所得的数据中，各个数值（或类型）的分布次数，运用频数能简化资料，使信息更清楚；频率分布，是指每个数值（或类型）出现的次数除以总数，一般以百分比的形式表达，它具备频数的优点，同时又方便不同类别之间作比较，因此应用更为普遍。需要说明的是，定比变量不宜作频数和频率分布表。

（2）集中量数分析，是以一个典型值或代表值来反映一组数据的情况，或反映该组数据向这个典型值集中的情况，主要包含众数，中位数，平均值 μ。一般情况下，平均值由于计算方法最为精确，且全面地考虑了所有样本的情况，所以运用最普遍，但平均数容易受极端值的影响。

（3）离散量数分析，是以一个数值来反映一组数据各个数值之间的离散程度，通常可以用极差（最大值与最小值之间之差）、标准差、离散系数来表达。其中标准差最为常见，而离散系数是标准差与平均值的比值。设变量总数为 N，各个变量值为 x_i，平均值为 μ，则标准差计算公式如下：

$$\sigma = \sqrt{\frac{\sum (x_i - \mu)^2}{N}}$$

$$\sigma = \sqrt{\frac{\sum (x_i - \mu)^2}{N-1}}$$

（二）单变量推论统计

单变量推论统计，一般在资料的搜集只包括研究对象的一个或一些随机样本时采用。它分为参数估计和假设检验两部分。

（1）参数估计，就是根据抽样结果，科学地估计总体特征值的大小或范围。设变量总数为 N，各个变量值为 x_i，平均值为 μ，标准差为 σ，$Z_{(1-\alpha)}$ 为置信度，则总体均值区间估计为：

$$\mu \pm Z_{(1-\alpha)} \frac{\sigma}{\sqrt{N}}$$

总体百分数的区间估计为：

$$p \pm Z_{(1-\alpha)} \sqrt{\frac{p(1-p)}{N}}$$

（2）假设检验，是根据抽样结果在一定可靠性的基础上对原假设作出接受或拒绝的判断。主要步骤包括：①建立虚无假设和研究假设，通常将原假设作为虚无假设；②指定显著性水平（小概率事件发生的可能性），通常取 0.05、0.01；③通过样本数据计算统计值，查找显著性水平对应的临界值；④将统计值与临界值进行比较。

三、两要素系统的分析和预测

在现实社会中，许多社会现象之间往往都是相互联系、相互影响的。调查得到的两个变量之间，可以进行相关分析，从而计算两者的相关性，得出相关模型，并用于预测。

（一）一元线性回归的基本思路

两要素系统的分析，往往采用一元线性回归的方式进行，该方法最为直观、通用。一元，指分析模型中只有一个自变量；线性，是假设两者呈一次方的关系，在笛卡尔直角坐标系中的图形为直线；回归，是指实际数值在某条曲线周围波动。

一元线性回归，主要包含下面三个内容：

（1）定性分析。先定性分析两要素之间的联系，判定两者是否存在相关性。这一步骤通常可以通过绘制散点图来实现。

（2）构建回归模型。如果两者存在足够的相关性，可以对试验或抽样调查得到的数据，进行一元回归分析，构造数学模型。

（3）模型分析与预测。运用回归模型，在给定自变量的情况下，预测因变量。

（二）一元线性回归分析的步骤

求解一元线性回归，有一套完整、严密的数学方法。为避免重复，同时为了提高可操作性，本节以实例的形式，借用简单的数学工具——Matlab，讲述一元线性回归分析的方法。

表4-1为某市历年经济及用地面积数据。

空间对象与属性表的关联

表4-1

年　份	GDP（亿元）	人均可支配收入（元）	建成区用地（km²）
1978	14.199	338	46.2
1990	89.650	1985	83.2
2000	711.159	9668	172.1
2007	3131.521	21689	312.1

为研究建成区用地面积的影响因素，分析城市用地与经济数据之间的关联，尝试对人均可支配收入（x）与建成区用地面积（y）进行一元线性回归，Matlab程序如下：

```
x=[338 1985 9668 21689];          % 人均可支配收入
y=[46.2 83.2 172.1 312.1];        % 建成区面积
b=polyfit(x,y,1);                 % 进行拟合，1表示用1次函数，即线性拟合
b0=b(2)                           % 拟合方程的常数项
b1=b(1)                           % 拟合方程的一次项
yfit=b0+b1* x;                    % 计算拟合值
plot(x,y,'.',x,yfit,'r')          % 绘制散点图和拟合图形
```

程序返回结果如下：

$$b0 = 51.3226$$
$$b1 = 0.0121$$

也就是说，人均可支配收入（x）与建成区用地面积（y）的线性拟合方程为：

$$y=0.0121x+51.3226$$

运用该模型，可以辅助预测当人均可支配收入继续增长时，建成区用地面积的变化趋势。

上述程序的输出图形如图4-4所示：

上述程序用到了polyfit函数。用该函数的好处是不仅能进行一次拟合，而且能进行二次、三次拟合，且函数较为简单。但有一项不足，是该函数没有给出相关系数。下面尝试用regress函数进行拟合。

```
x1=[338 1985 9668 21689]';        % 行1：人均可支配收入
y=[46.2 83.2 172.1 312.1]';       % 行2：建成区面积
```

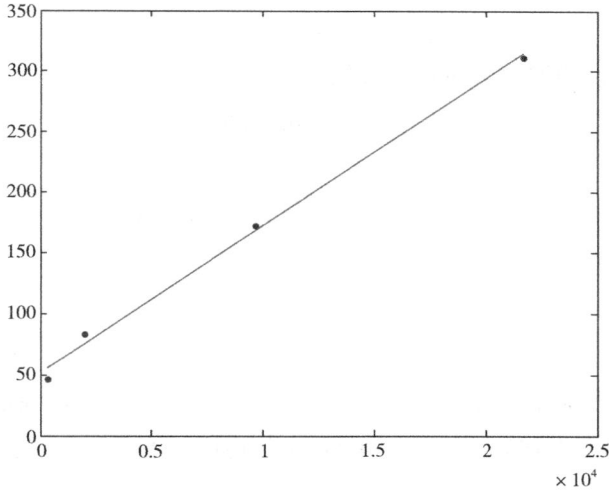

图4-4　Matlab线性拟合输出图形

X=[ones(4,1),x1];	％行2：构建自变量矩阵
[b,bint,r,rint,stats]=regress(y,X);	％行4：进行回归分析
b0=b(1)	％行5：拟合方程的常数项
b1=b(2)	％行6：拟合方程的一次项
Rsquare=stats(1)	％行7：输出相关系数 R^2
yfit=b0+b1* x1;	％行8：计算拟合值
plot(x,y,'.',x,yfit,'r')	％行9：绘制散点图和拟合图形

需要注意的是，该程序与上述程序有些区别：

（1）第一、第二行中，对自变量、因变量进行了转置，加上了转置符号"'"；

（2）第三行构建自变量矩阵，其中前面为零次项（即常数项），因该例中有4个年份的调查数据，故常数项行数为4；

（3）第四行，若不需要输出相关系数，可简化为 $b = \mathrm{regress}\,(y\,,X\,)$；

（4）第七行输出 R^2。该程序输出结果与上述 polyfit 程序基本相同，增加了 R^2 的计算结果：Rsquare = 0.9961。

（三）非线性函数的线性化处理

一元线性回归简单实用，能够帮助我们分析很多实际问题。但是在很多情况下，两个变量似乎呈非线性函数关系。这些情况下，我们可以通过非线性函数的线性化处理，来完成回归分析。

以表4-1中的年份与建成区用地面积之间的关系为例，通过散点图（图4-5），可看出如果用线性拟合，则误差较大，用非线性拟合效果会更好。根据对多种函数图形的比较，推测可以用指数函数进行拟合。即：

$$y=b_0e^{b_1x}$$

对于上述方程，两边取自然对数，得到：

$$\ln y=\ln b_0+b_1x$$

令：

$$y'=\ln y,\ \ b_0'=\ln b_0,\ \ b_1'=b_1,\ \ x'=x$$

则有如下线性方程：

$$y'=b_0'+b_1'x'$$

也就是说，只需要对 x、y 进行变换，变换后的 x'、y' 就可以用线性方程进行拟合。

```
x1=[1978 1990 2000 2007]';        % 行 1：年份原始值
x1Tran = x1;                       % 行 2：x 的变换值
y=[46.2 83.2 172.1 312.1]';        % 行 3：建成区面积原始值
yTran=log(y);                      % 行 4：建成区面积变换值
X=[ones(4,1),x1Tran];
[b,bint,r,rint,stats]=regress(yTran,X);
b0Tran=b(1);
b1Tran=b(2);
b0=exp(b0Tran)                     % 行 9：计算指数方程中的参数 b0
b1=b1Tran                          % 行 10：计算指数方程中的参数 b1
Rsquare=stats(1)
a=1978:0.1:2007;                   % 行 12
yfit=b0 * exp(b1* a);              % 行 13：计算拟合值
plot(x,y,'.',a,yfit,'r')           % 行 14：绘制散点图和拟合图形
```

上述代码中需要注明的地方：

（1）第 1、3 行，对 x、y 进行了变换。

（2）第 7、8 行中计算的结果是变换后的值，即 b_0'、b_1'，因而在第 9、10 行中再次转回到 b_0、b_1。

（3）第 12 行，为了是绘制的曲线更平滑，构建自变量（年份）的最小至最大值之间的数组，以较小的值 0.1 为步长。

（4）同上，第 13 行计算的拟合值也是一个数组。还需注意的是，计算式不是线性的，而是原先假设的指数形式。

代码中，为了给出完整的示例，对 x、b_1 进行了变换。实际上，有时不是 x、y、b_0、b_1 都需要进行变换的。本例中，x、b_1 就不需要进行变换，计算代码还可以精简。读者在

应用时可以针对实际情况进行调整。

上述程序输出的图形如图 4-5 所示。

根据上述程序，相关系数的值较大，$R^2 = 0.9854$。与直接进行线性拟合的结果（$R^2 = 0.8699$）相比，非线性拟合的效果要好很多。

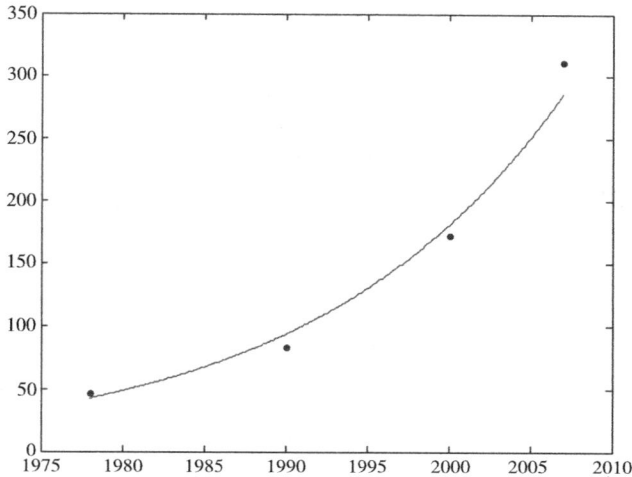

图4-5 Matlab非线性拟合输出图形

非线性函数有多种，可以根据散点图的实际情况选择最贴近的一种或几种。

（1）幂函数。方程式为：

$$y = b_0 x^{b_1}$$

令：

$$y' = \ln y, \quad b'_0 = \ln b_0, \quad x' = \ln x,$$

则：

$$y' = b'_0 + b_1 x'$$

（2）指数函数。如上文中的示例。

（3）双曲线函数。方程式为：

$$y = \frac{x}{b_0 + b_1 x}$$

令：

$$y' = 1/y, \quad x' = 1/x, \quad b'_0 = b_1, \quad b'_1 = b_0$$

则：

$$y' = b'_0 + b'_1 x'$$

（4）负指数函数。方程式为：

$$y = b_0 e^{b_1/x}$$

令：

$$y' = \ln y, \quad x' = 1/x, \quad b'_0 = \ln b_0$$

则：

$$y'=b'_0+b_1x'$$

（5）对数函数。方程式为：

$$y=b_0+b_1\ln x$$

令：

$$x'= \ln x$$

则：

$$y'=b_0+b_1x'$$

（6）S 曲线。方程式为：

$$y=\frac{1}{b_0+b_1e^{-x}}$$

令：

$$y'=1/y，\ x'=e^{-x}$$

则：

$$y'=b_0+b_1x'$$

对于同一实例，可能同时有几种曲线（直线）都能进行拟合。这时可以根据拟合后的相关系数（R^2）的大小，来辅助判定哪种拟合方式的效果最好。

四、多要素系统的分析和预测

城市社会研究中，我们会发现有时某个要素不是只和一个要素相关，而是同时和多个现象相关。换句话说，就是某个要素由其他几个要素共同决定。这时，双要素系统分析的方法就不适用，我们就需要用到多要素系统分析的方法。调查得到的某个变量和其他多个变量进行分析，确立多元模型，可以用于对事物发展的分析和预测。

（一）多元线性回归的基本思路

多素系统的分析，很多情况下可以采用多元线性回归的方式进行，该方法继承了两要素系统的许多优点，较为直观、通用。多元，指分析模型中有多个自变量；线性，是假设每个自变量都与因变量呈一次方的关系，只不过由于有多个变量，难以在平面直角坐标系中画出直观的图形。

与一元线性回归类似，多元线性回归也包含如下内容：

（1）定性分析。先定性分析各个自变量与因变量之间的联系，判定是否存在相关性。在定性分析某个自变量时，可以忽略其他自变量，通过绘制与因变量之间的散点图来实现。

（2）构建回归模型。如果要素之间存在足够的相关性，可以对试验或抽样调查得到的数据，进行多元回归分析，构造数学模型。

（3）模型分析与预测。运用回归模型，在给定各个自变量的情况下，预测因变量。

（二）多元线性回归分析的步骤

上文提到，相比于 polyfit 函数，regress 函数的其中一个优势是能给出相关系数。本节继续运用 regress 函数，它的另一个重要优势是适用于多个自变量的情况。

本节以浙江工业大学城市规划 2005 级学生获奖作品——《车轱辘的方寸空间——杭州大型超市非机动车停车问题调查》——为例。该作品获 2009 年规划年会全国高等学校城市规划专业社会调查报告二等奖。表4-2 为各超市顾客停车场硬件设施数据采集一览表。通过绘制散点图（略），初步判定多个数据与停车场面积有线性关系。

（1）因变量：用超市顾客自行车场实际停放量，代表"需求量"。

（2）自变量：超市的建筑面积、出入口个数、停车场面积、自发形成的停车面积、主出入口宽度、过道宽度、平均停放时间可能会对因变量的取值产生影响，定为自变量。

（3）虚拟变量：其中有无车架、有无围护设施、有无管理，在模型计算中根据"有 / 无"取值为"1/0"。

各超市顾客停车场硬件设施数据采集一览表　　　　表 4-2

项目 地点	停车场设计方式	建筑面积（m²）	出入口个数	停车场面积（m²）	自发形成停车面积（m²）	主出入口宽度（m）	过道宽度（m）	平均停放时间（h）	有无停车架	有无围护设施	有无管理	满意度	需求总量
欧尚大关店	地上	25000	10	792	665	6	1.2	1.20	Y	N	Y	5.15	1134
沃尔玛	地上	16000	4	350	136	2.5	1.8	1.13	Y	Y	Y	8.9	450
乐购德胜店	地上	8600	6	157	300	2	1.6	1.11	Y	Y	N	5.48	353
世纪联华运河店	地上	23000	5	609	98	3.5	1.2	1.17	N	Y	N	6.04	791
世纪联华庆春店	地上	12000	6	200	68	3	0.9	1.20	N	N	Y	3.98	406
物美文一店	地上	9000	6	0	511	2.5	1.5	1.33	N	Y	N	5.86	373
世纪联华华商店	地上	24000	8	135	591	3.5	0.8	1.11	Y	N	N	6.58	781
乐购庆春店	地上	9800	9	622	91	3	1.0	1.19	N	N	N	7.05	501
好又多凤起店	地上	20000	7	840	135	2.5	1.5	1.13	N	N	N	7.27	643

资料来源：杨洋等.车轱辘的方寸空间——杭州大型超市非机动车停车问题调查[R].浙江工业大学，2009。

（4）模型构建：运用 Matlab 分析数值型自变量——超市建筑面积、出入口个数、停车场面积、自发形成停车面积、主出入口宽度、过道宽度、平均停放时间等与因变量的关系。

设定如下自变量：

（1）D 为需求数量；

（2）M_a 为超市建筑面积（m^2）；

（3）S_1 为停车场面积（m^2）；

（4）S_2 为自发形成的停车面积（m^2）；

（5）L 为出入口个数；

（6）W_e 为主出入口宽度（m）；

（7）W_a 为内部过道宽度（m）；

（8）A 为内部有无围护设施（虚拟变量）；

（9）B 为有无停车架（虚拟变量）；

（10）C 为有无管理（虚拟变量）。

构建如下模型：

$$D=b_0+b_1M_a+b_2S_2+b_3S_2+b_4L+b_5（W_e+W_a+A+B+C）$$
$$=b_0+b_1M_a+b_2S_1+b_3S_2+b_4L+b_5W$$

Matlab 程序代码如下：

```
Ma=[25000 16000 8600 23000 12000 9000 24000 9800 20000]';        % 自变量 1
L=[10 4 6 5 6 6 8 9 7]';                        % 自变量 2
S1=[792 350 157 609 200 0 135 622 840]';        % 自变量 3
S2=[665 136 300 98 68 511 591 91 135]';         % 自变量 4
We=[6 2.5 2 3.5 3 2.5 3.5 3 2.5]';
Wa=[1.2 1.8 1.6 1.2 0.9 1.5 0.8 1 1.5]';
A=[0 1 1 1 0 1 1 0 0]';
B=[1 1 1 0 0 0 1 0 0]';
C=[1 1 0 0 1 0 1 1 0]';
W=We+Wa+A+B+C;                                  % 行 10：自变量 5
D=[1134 450 353 791 406 373 781 501 643]';      % 因变量
X=[ones(9,1),Ma,L,S1,S2,W];                     % 行 12：构建自变量矩阵
[b,bint,r,rint,stats]=regress(D,X);             % 行 13：进行回归分析
b0=b(1)                                         % 行 14：常数项
b1=b(2)                                         % 行 15：自变量 1 的系数
b2=b(3)                                         % 行 16：自变量 2 的系数
b3=b(4)                                         % 行 17：自变量 3 的系数
```

b4=b(5)	% 行 18：自变量 4 的系数
b5=b(6)	% 行 19：自变量 5 的系数
Rsquare=stats(1)	% 行 20：输出相关系数 R^2

上述代码中需要注明的地方：

（1）前 10 行为多个自变量，第 9 行计算第 5 个自变量；

（2）第 12 行构建自变量矩阵；

（3）第 14~19 行为输出常数项及各个自变量的系数；

（4）因多个自变量，无法在平面直角坐标系内输出直观的图形。

最后得到如下模型：

$$D=-213.5+0.0216M_a+25.42S_1+0.224S_2+0.184L+24.34W$$

$$=-213.5+0.0216M_a+25.42S_1+0.224S_2+0.184L+24.34（W_e+W_a+A+B+C）$$

拟合效果较好，相关系数的值 R^2= 0.9623。

通过模型的建立可以看出超市的非机动车停车需求与建筑面积高度相关，其他自变量，如停车场面积、出入口个数等都是为了完善提高模型的精确度而成立的附加变量，所以笔者建议规划编制人员可以参考一元线性模型进行规划数据的编写，而研究人员可以根据扩充模型进行深入研究。此模型也可以应用于其他城市公共建筑的非机动车停车需求量计算中，但是由于高峰时间段的不同，所以验证模型时要进行前期调研，得出高峰点再去搜集数据。

（三）非线性函数的线性化处理

与两要素系统的分析类似，在有些情况下，一个或多个自变量与因变量之间不呈线性关系，这时也可以参考上文"两要素系统的分析和预测"中的非线性函数的线性化处理，来完成回归分析。但由于有多个自变量，在变换时受到很多限制。

（四）Logistic 回归分析简介

Logistic 回归分析又称 Logistic 回归，最初主要在流行病学中应用较多，目前在经济、社会等领域也有较多的应用。比较常用的情形是探索某疾病的危险因素，根据危险因素预测某疾病发生的概率等。

Logistic 回归分析，与上文所述的多元线性回归分析实际上有很多相同之处，最大的区别就在于其因变量不同。这两种回归可以归于同一类模型——广义线性模型（Generalized Linear Model）。这两个模型，在形式上有很大的相似性，不同的就是因变量不同：如果是连续的，就是多元线性回归；如果是离散的如二分类或多分类，就是 Logistic 回归。此外，在广义线性模型中，因变量还有其他多种类型，例如可能呈 Poisson 分布，就属于 Poisson 回归的范畴，如果是负二项分布，就是负二项回归。后面两类回归，本文不作探讨。

设因变量 Y 是一个二分类变量，其取值为 $Y=1$ 和 $Y=0$。

影响 Y 取值的 m 个自变量分别为 X_1，X_2，$\cdots$，X_m。在 m 个自变量（即暴露因素）作用下阳性结果发生的条件概率为：

$$P=P（Y=1|X_1，X_2，\cdots，X_m）$$

则 Logistic 回归模型可表示为：

$$P=\frac{\exp（\beta_0+\beta_1X_1+\beta_2X_2+\cdots+\beta_mX_m）}{1+\exp（\beta_0+\beta_1X_1+\beta_2X_2+\cdots+\beta_mX_m）}$$

其中，β_0 为常数项，β_1，β_2，$\cdots$，β_m 为偏回归系数。

设：

$$Z=\beta_0+\beta_1X_1+\beta_2X_2+\cdots+\beta_mX_m$$

则 Z 与 P 之间关系的 Logistic 曲线如图 4-6 所示。可看出：当 Z 趋于 $+\infty$ 时，P 的值渐近于 1；当 Z 趋于 $-\infty$ 时，P 的值渐近于 0；P 值的区间为（0,1），且在直角坐标平面上随 Z 值的变化以点（0,0.5）为中心成对称 S 形变化。

通过 logit 变换之后，就可将 $0\leqslant P\leqslant 1$ 的变量转换为 $-\infty<logit（P）<+\infty$ 的变量。作 logit 变换后，logistic 回归模型可以表示成如下的线性形式：

$$
\begin{aligned}
\ln\left(\frac{P}{1-P}\right) &=\ln\left[\frac{\dfrac{\exp（\beta_0+\beta_1X_1+\beta_2X_2+\cdots+\beta_mX_m）}{1+\exp（\beta_0+\beta_1X_1+\beta_2X_2+\cdots+\beta_mX_m）}}{1-\dfrac{\exp（\beta_0+\beta_1X_1+\beta_2X_2+\cdots+\beta_mX_m）}{1+\exp（\beta_0+\beta_1X_1+\beta_2X_2+\cdots+\beta_mX_m）}}\right]\\
&=\ln[\exp（\beta_0+\beta_1X_1+\beta_2X_2+\cdots+\beta_mX_m）]\\
&=\beta_0+\beta_1X_1+\beta_2X_2+\cdots+\beta_mX_m
\end{aligned}
$$

因 Logistic 模型的分析过程需要设计到较多的数学概念及运算，本书不作论述。关于该模型的分析运用，可以在 SPSS 软件中直接进行。

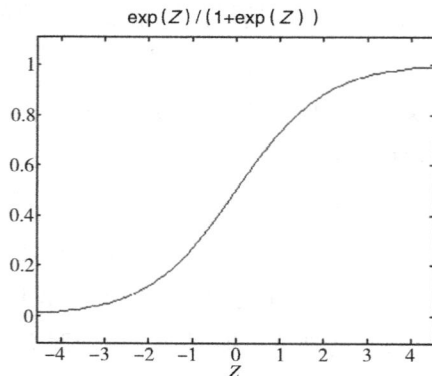

图4-6 Logistic曲线

第三节 报告撰写

一项社会调查的最终成果形式主要表现为研究报告，这是由于研究报告具有以下几个功能。首先，报告要向读者传达一组特定的事实资料和观点，我们必须把这些资料和观点说明清楚，同时提供足够的细节，以利于他人审慎评估。其次，研究报告应该被视为对整体科学知识的贡献，我们应该不断把自己的研究视为目前社会科学的新知识。最后，研究报告应该具备启发和引导进一步探讨的功能。

一、报告的注意事项

（一）报告的对象与目标

在撰写一篇城市社会调查报告之前，要明确研究报告的读者是谁，是一般读者还是专家学者，或是实践工作者？由此来确定报告中的专业术语和知识表达。假如该项报告属于面向社会公众的科普性研究，就需尽量使用通俗性的语言进行表达；如果是面对专家学者则可以运用相关专业术语或理论假设。例如，每年举办的全国大学生城市规划社会调查作业评优活动，其研究报告属于面向专业领域的读者，我们就可以利用相关的专业理论知识进行分析与阐释。

社会研究目的一般包括探索、描述和解释，实践性报告通常还会有行动建议，我们在撰写报告时还需将此目标放于心上。有些报告着重于探索性研究，其特征表现为结论的探索性和不完整性，主要是为未来研究指明一个方向。大部分研究报告都有描述的目的，这就需要向读者展示出与研究主题相关的材料信息，如利用表格、图形及模型的方式。同时，许多研究还具有解释的目的，即说明各个变量之间的因果关系或逻辑联系，在此也要分清报告所面对的读者类型，以采用合适的表达方式。最后，有些研究还需要提出一些行动建议，尽管该建议具有研究者的主观倾向性，但仍然是基于扎实的社会调查和详实的资料分析。

（二）报告的主题与提纲

主题是研究者在分析社会现象和揭示事物的本质的过程中所形成的基本观点和中心思想，正确地提炼主题必须考虑调查研究的目的和社会调查所获得的真实资料。一般情况下，报告的主题就是开始社会调查之初所确定的社会调查选题，这种情况下主题的提炼就比较简单。但是，如果当初的社会调查选题比较模糊，或者调查角度比较广泛，这时就需要重点考虑社会调查过程所获得的实际材料情况，对选题进行必要的修改、补充或深化，甚至确定新的主题。

研究提纲是拟撰写调查报告的总体结构。在一篇社会调查报告撰写之前，我们必须根据选题思路、调查问题、获取材料、初步结论等方面拟定好研究提纲，这样有利于按照一定的逻辑线索组织整个研究报告，使得重点突出、结构合理、层次分明，便于有条理地安排材料，有序开展论证。同时，研究提纲可以帮助我们树立全局观念，从整体出发检验每一个部分所占的地位、所起的作用和相互间是否有逻辑联系，以及每部分内容所占篇幅与其在全文中的地位和作用是否相称等。

（三）报告的长度与形式

一般的社会调查报告包括可行性报告、研究报告和学术论文等，我们重点讲述下研究报告。对于研究报告而言，其篇幅长度要根据研究要求而定，有的研究报告 10 页左右可以解决调查问题，有的研究报告则需要 20~30 页，甚至个别研究报告要达到书稿的规模。例如，在城市总体规划过程中，需要做些前期的专题研究，这些研究报告的篇幅相对较长，有时还需要分成几个专题来进行撰写；在历年全国大学生城乡规划社会实践调查评优活动中，研究报告的篇幅一般在 20 页以内，字数约为 6000~8000。

在研究报告的形式上，也将会根据应用目的不同而存在一些变化。如果我们要撰写一篇社会调查报告，以用于参赛评优，那么就需要在形式上加以注意。首先，研究报告的文字、图表排版要符合人们的视觉心理和阅读习惯，如要在文字段落中穿插一些图表，以缓解人们的阅读疲劳和点明分析的重点或依据；其次，文字段落要层次分明，各级标题前后有序，要避免大段的文字内容凑合在一起，同时，图表形式要规范，如图表中的字体大小要与段落字体大小相协调；再次，文字与图表的排版可以采用分栏式，如文字在右，图片在左，或者文字在左，图片在右，要根据视觉美观和整体均衡的角度来进行编排。

二、报告的组织内容

一篇完整的社会调查报告还没有统一的模式或要求，其基本结构主要包括标题、摘要、引言、主体、结语、附录等内容，我们将从这几个方面进行重点讲述。

（一）标题——主旨与亮点

标题是指研究报告的题目，它是报告的主旨和亮点，一般要用能够突出研究主题的简短文字来表达，好的标题往往具有"画龙点睛"的作用，使得读者对全篇报告具有印象深刻的初步认识，并能够引起阅读的强烈欲望。以历届全国大学生城市规划社会调查获奖作品为例，其标题可以划分为以下几种类型：

（1）直叙式，直接点明调查对象，概括调查主题，如《基于城市安全的旧城中心区可持续再生探讨》、《公共政策视角下的钉子户问题调查》、《后奥运时期北京中轴线城市意象认知调查》等。该类型标题多用于专业性或学术性较强的调查报告中，在城市社会调查报告中也经常被使用。

（2）判断式和提问式，前者可以表明报告主题、点明作者态度；后者则是提出问题、设置悬念。例如，《无障碍·障碍·无障碍》、《改变才是生存的不二法则——深圳市南山区街头书报亭生存状况调查》、《互动·协调·共融——哈尔滨中央大街与周边居住生活之影响》等属于前者类型；《公园真的"公有"吗？——南京市玄武湖、莫愁湖公园豪宅现象调查》、《门：开启还是关闭，这是一个问题？》、《环岛 OR 患岛？》等属于后者类型。

（3）双标题，主标题加副标题或引题作标题，前者一般为文学化或抒情式的语句，后者则是直叙式的说明性语句。如《老有所"乐"——上海市四平路街道及苏家屯路老年人公共场所活动调研》《迷途问道——杭州西湖景区旅游公交调研》《"流行"碰撞"传统"——酒吧进入什刹海历史街区影响的调查报告》等，该类型标题综合了各种标题优点，被广泛运用于城市社会调查报告的评优参赛活动中。

（二）摘要——目的与结果

摘要或简介是对调查报告主要内容和研究结论的简要介绍，有利于读者了解报告的基本情况。在摘要撰写过程中，首先要交代清楚报告的研究对象和研究问题，其次要简明介绍研究的基本内容和主要观点，最后对其结论和建议进行总结（图4-7）。研究报告摘要撰写常犯的错误主要表现为：①对其研究背景介绍过于详细；②忽略了对研究对象和主要问题的交代；③没有提出研究的观点和结论。所以，对于初次撰写研究报告的调查者，一定要重视报告摘要的写作，否则很难引起读者或评阅者的兴趣，甚至感觉调查报告内容不知所云。

【摘要】：

　　课题以"民生、民意"为视角，综合运用归一法、线性回归分析法、比较分析法等多种研究方法，对农民安居工程的区位、配套、户型和政策等事关农民是否"乐迁安居"的切身利益问题进行了广泛、深入和系统的调研。

　　研究结果表明：浙江省农民对安居工程的建设意愿呈现出明显的区域差异、城乡差异和发展阶段差异。"乐"迁"安"居作为一种和谐的可持续模

图4-7　报告摘要的写作案例

资料来源：王也等. 如何让农民"乐"迁"安"居？——基于农民意愿的浙江省城乡安居工程调研

[R].浙江工业大学，2011

（三）引言——理论与方法

引言又称为前言或导言，一般是用来介绍和说明开展社会调查的缘由和背景，进而对以往研究或理论成果进行相关文献综述，并说明报告所采用的研究方法、技术路线以及资料来源等内容（图4-8）。引言在报告整体结构中的意义也较为重大，首先能够唤起读者的阅读兴趣，如开展社会调查的重要意义在哪里？其次能够表明调查过程的科学性和严谨性，如采用的调查和研究方法以及资料获取等；再次可以表明报告的主旨精神、经验结论或理论假设。

（四）主体——分析与阐释

主体是用来分析与阐释社会调查的信息、资料和数据，属于整个报告的重点与核心部

1 引言

随着中国城市家庭私人汽车保有量的快速增长，私人汽车已日渐成为居民日常出行的重要交通工具。以北京市为例，2001年到2010年间，北京市私人民用汽车拥有量从62.4万辆剧增到374.4万辆，年均增长率高达19.6%[①]；2010年北京市六环内居民非步行的出行方式构成中，公共交通（轨道＋公共汽／电车）仅占39.7%，而小汽车出行比例高达34.2%，如果算上乘坐出租车出行的部分（6.6%），小汽车已经成为北京市民日常出行的主要交通方式[1]。大城市居民日常出行中对小汽车的日渐依赖，不仅对其日常活动产生了巨大影响，更引发了严重的城市交通拥堵问题。为此，目前很多交通需求管理政策和城市交通规划的主要目标就是控制私人小汽车的使用。然而，目前国内对汽车使用的模式及影响因素的研究还很少，难以为城市空间结构规划和交通政策的制定提供理论和实证的支持。为此，本文拟在已有文献的基础上，以北京市为例，通过一项家庭住户调查评估中国大城市居民的汽车使用情况，分析影响家庭汽车使用的主要因素。接下来，将首先综述国内外的相关研究成果，确定本文的理论视角；进而简要介绍研究方法和案例地数据收集过程；随后呈现描述性统计和回归分析结果，探讨决定居民汽车使用的主要因素；最后指出对现有政策的一些启示。

图4-8 引言的写作案例

资料来源：王丰龙，王冬根.北京市居民汽车使用的特征及其影响因素.地理学报，2014.69（6）：771-781.

分，最能够反映社会调查过程的真实情况。在报告主体的撰写过程中，资料介绍、资料应用与资料阐释等三部分要逻辑地整合为一个整体，并与研究目的紧密相连，每一个分析步骤都要有基本原理、分析方法、资料依据和主要结论，由此才能够体现出社会调查研究的意义，并为未来研究或改进提出相应的建议。在一份较好的城市社会调查报告中，主体的前半部分一般是对调查资料的描述与分析，以揭示调查的社会问题或现象，并达成初步的研究结论；后半部分则是对社会问题或现象的解释与阐述，使读者能够信服本次社会调查开展的重要作用。

（五）结语——结论与展望

结语是对前面论述部分的总结，一般包括结论、建议和展望等主要内容。值得注意的是，在总结中不要重复每一项研究成果，而要回顾主要的发现结果，并再一次地提出这些发现的重要性（图4-9）。同时，结语部分还要针对本次研究结论提出不足之处以及未来的研究方向，而实践性研究报告还要包括指导现实发展的针对性建议。在城市社会调查报告的结语撰写中，常犯的错误表现为仅有建议和展望，而没有结论，这种做法更应该在学术论文写作中加以避免。

（六）附录——注释与文献

附录一般放于研究报告的末尾，包括注释、参考文献（图4-10）、调查问卷、数据表

4.1 结论

　　总体而言，庭院改造在一定程度上改善了居民的生活环境，也提升了城市的整体形象。但是，改造的结果与作为"百姓工程"、"民生工程"的庭院改善工程预期的效果还是有一定差距的。具体表现如下：

　　（1）庭院改造工程的建设投入比例不合理，供给结构失衡，改造成果与居民的需求存在明显的错位现象。

　　具体表现在：景观类项目的改造力度远大于基础功能和社区管理项目，尤其社区管理类项目改造力度过小。对于居民生活所需的最基础的设施关注不够。在公共活动设施、社区安全、社区服务、社区卫生，尤其是历史文化这样的深层精神文化等方面，都远远不能满足居民对于舒适宜人的居住环境的需求。

　　（2）景观类工程的改造力度在区位性差异上表现的最为突出。总体而言，

图4-9　报告结论的写作案例

资料来源：钱姗姗等.庭院深深深几许——杭州市庭院改造绩效评价调研报告
[R].浙江工业大学，2009

格等内容，用来证明研究报告论点、数据及方法的确凿性和严谨性，也属于研究报告不可缺少的组成部分。附录拥有自己的规范化格式，对于城市社会调查报告而言，其格式可以参考往届评优获奖作品；而对于一篇社会调查课程作业而言，其格式要参考主流类学术期刊论文格式，如《城市规划》、《城市规划学刊》或《社会学研究》等。

三、报告的评估发表

（一）报告的评估

　　评估是对研究报告的正确性、科学性及其学术价值、社会价值等做出实事求是的评价和估计。评估的形式一般包括自我评估、专家鉴定和社会评价，其中，自我评估主要是通过开展社会调查内部讨论交流会，对报告的理论观点、研究方法、内容结构、逻辑层次、文字表达等进行评价与修正；专家鉴定是由研究课题的下达者或使用者组织城市研究领域内专家，通过会议鉴定或通讯鉴定的形式，运用相关评价指标体系，对研究报告的科学价值与社会价值作出评判；社会评价则是将社会各界公众对研究报告价值的反响，例如有些

参考文献（References）

1　宁欣，陈涛."中世纪城市变革"论说的提出和意义——基于"唐宋变革论"的考察 [J]. 史学理论研究，2010（1）：125-126.

2　宁欣.唐宋城市经济社会变迁的思考 [J]. 河南师范大学学报（哲学社会科学版），2006（2）：4-6.

3　魏幼红.明清时期江西城市的形态与地域结构 [D]. 武汉：武汉大学博士学位论文，2006.

4　宁欣.转型期的唐宋都城：城市经济社会空间之拓展 [J]. 学术月刊，2006（5）：96-102.

5　王笛.茶馆：成都的公共生活和微观世界（1900-1950）[M]. 北京：社会科学文献出版社，2010.

6　舒可文.城里：关于城市梦想的叙述 [M]. 北京：中国人民大学出版社，2006.

图4-10　参考文献的一般格式

资料来源：刘佳燕，邓翔宇.权力、社会与生活空间——中国城市街道的演变和形成机制.城市规划，2012，36（11）：78-82.

城市规划方案往往会公布于公众网站，由社会公众对之进行指点与评价。

（二）报告的发表

发表属于对研究报告的科学价值与社会作用评估的一种形式，这是由于在报告的发表过程中，发表刊物的编委会将会组织相关专家对其学术价值进行评价，只有通过专家评定的才能够达到发表水平。所以，许多研究课题的结题或完成标准往往会参考报告的发表情况，甚至包括发表刊物的级别或层次。同时，报告发表之后还存在着转载、引用情况，如《中国人民大学报刊复印资料》、《新华文摘》，这也是对报告学术价值或社会价值的一种肯定。

（三）报告的应用

有些研究报告属于对策性研究，一般属于政府、企业、规划设计单位等机构委托的研究课题，该类报告的特点主要表现为应用性，即是否具有应用价值。例如，一些研究课题的结题标准已被采纳或应用的内容多少、采纳的机构级别等为评价依据，甚至也会参考其获奖情况或获奖级别。

第五章

实例评析——历届社会调研获奖作品分析

    本章将重点分析城乡规划专业社会调研的焦点所在——城市空间，以及近年来全国社会空间调研获奖作品的选题特征，概述浙江工业大学城乡规划专业社会调研教学过程，以及历年获奖作品的演变阶段，以获奖案例的角度来探索社会综合实践调研课程的教学方法。

2000年全国高等学校城市规划专业指导委员会开始举办城市规划专业社会调研作业评优活动，2013年新的专业教学规范将《城乡社会综合实践调研》列入城乡规划专业十大核心课程体系，这比较切合当前城乡规划学科转型的趋势。10多年来涌现出来的调研作品成效巨大，有力地推动了全国高校城市规划专业社会调研课程的开设，调动大学生参与社会综合实践调研的积极性，这也比较切合当前城乡规划学科转型的趋势（图5-1）。同时，社会实践也有利于培养城市规划专业学生的认知能力、发展能力和创新潜力，并强化对知识和技能的理解、消化与掌握。

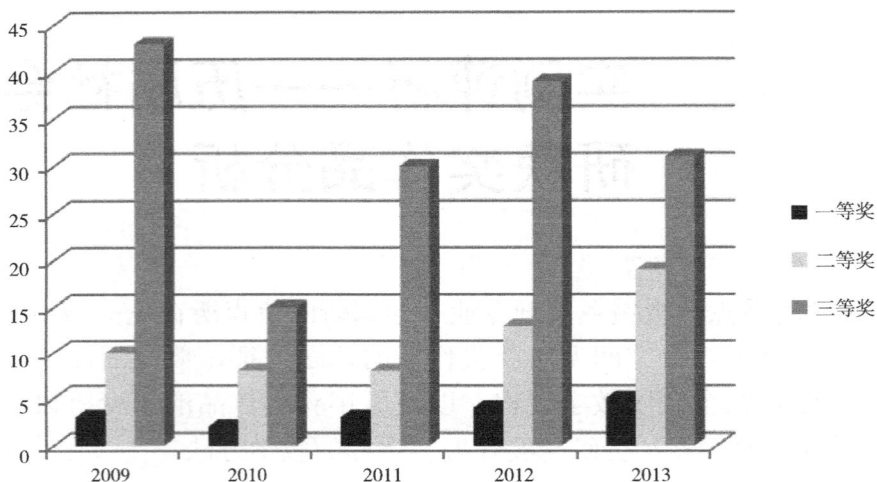

图5-1　近5年全国高校城乡规划专业学生社会调查报告获奖数量情况

一、调研焦点：城市空间

目前，国内外的城市规划教育主要设置在建筑学院和地理学院，这是由于两门学科具有共同的研究对象，即城市空间，正是由于空间属性的多元化，从而吸引相关学者从空间性质的不同角度来分析城市规划，推动城市规划领域对社会调研的重视，促使城市规划逐步发展成为新的一级学科。

（一）"空间"的解释

从哲学的角度来讲，空间可以划分为绝对空间和相对空间，以及物质空间和精神空间两个范畴，其中，绝对空间、相对空间均属于物质空间（图5-2）。

牛顿认为空间是绝对的，即空间既不受占据其中的客观事物影响，也不受人的主观感知的影响；莱布尼茨认为空间具有相对性，它属于一种关联性概念，指涉事物的数学关系。这种空间的二元划分决定了空间的自然属性，即空间是事物的容器，可以运用物理学、几何学等理论方法和技术手段进行精确地度量、测算和配置。德国哲学家康德在讲述地理学的性质时，较为认同空间的绝对性，视地理学为关于空间的知识领域，这是早期关于空间经验主义研究的哲学基础，包括后来地理学、经济学领域内针对空间的逻辑实证研究，以及早期的城市设计与土地利用规划，也是基于如此。

然而，康德在第二次空间哲学批判中，认为空间是主观的、虚构的，作为感知者观念的产物而存在，他将空间视为从属于人脑的主观构成，强调人作为行为者对世界进行的认知结构，这种关于精神空间的定义即是"新康德主义"。后来的行为地理学、人本主义地理学均受到这种哲学观念的影响，包括城市社会学的芝加哥学派研究计划。例如，在 20世纪 70 年代兴起的人本主义思潮，侧重于对行为人及其现象环境或感知空间的研究，反对简单的理性现代科学主义。

（二）"社会—空间"辩证法

传统城市研究所认识的空间一般属于自然属性空间，即可以运用自然科学工具精确测量与确定的空间，具有客观性和物质性。20 世纪 60 年代以来西方发达国家开始出现对科学主义的批判，法国社会学家列斐伏尔（Lefebvre）（2003）肯定了空间的重要性，他将空间性与历史性、社会性并列于同等重要的地位，从而形成存在三元辩证法的本体论。但是，他认为社会关系将自身投射到空间中，在空间中再现，同时又进行着空间的生产，即传统"空间中的生产"已经转变为"空间的生产"，自然属性的空间向社会属性的空间过渡。

后现代都市学家索亚（Soja）将传统空间称之为第一空间，或生活的空间（真实空间），而城市的计划设想则为第二空间，即构想的空间（想象空间）。其中，前者的认识论和思维方式统治着空间知识的积累长达数个世纪，如客观性的空间计量分析，而后者总是想方设法企图打破前者的统治地位，如利用艺术家对抗科学家或工程师。同时，索亚认为尽管第二空间有利于加深对第一空间的认识，但是那些掌握第二空间认识的群体具有相应的话语霸权性，会造成空间认知的错觉或理想化的拔高，如所谓的建筑或规划大师及来自于唯心主义哲学的空想等。所以，索亚（2004）承接列斐伏尔对空间的表述相应提出了"第三空间"，它具有多元化的包容性，即包括城市各类群体对城市的表述，如文学者、摄影者、电影批评者、社会学者及女性主义等所感知的空间。

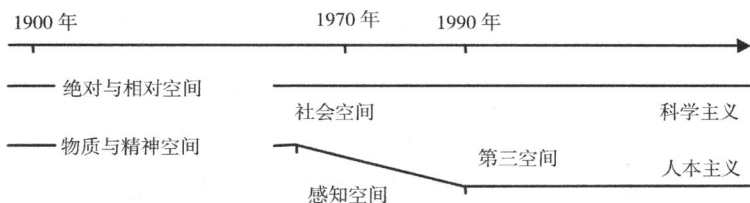

图5-2　有关"空间"属性解释的演进

　　"社会 – 空间"辩证法的提出丰富了城市空间的多元化内涵，吸引更多学科领域的学者开展城市研究，并为城市规划专业开展社会调研提供了哲学指导。例如，20 世纪 60 年代以来建筑与城市规划学者凯文·林奇所实施的"城市意象"实践、社会学者简·雅各布斯对传统城市规划的质疑、地理学者大卫·哈维发表的《社会公正和城市》等，均体现了"社会—空间"辩证法的哲学内涵。

二、调研对象：城市群体、城市地块和城市问题

　　纵观近 10 年来全国大学生城市规划社会调研获奖作品，笔者发现"城市空间"是开展社会调研的焦点，而在此基础上主要关注三大调研对象，包括城市群体、城市地块和城市问题，三者之间并存在相互交叉重叠的部分，即交叉型选题（图 5-3）。其中，城市群体重点关注城市社会中的弱势人群，如老年人、女性、儿童、残疾人、外来人口等；城市地块主要是指快速城市化和商业化进程中功能性质变化较快的街区，如传统历史街区、现代商业区、居住老区、休闲旅游区、城市近郊区等；城市问题主要包括道路交通、公共设施、住房变迁、生活环境、社区管理等方面。

　　笔者统计了 2004 年以来相继荣获一、二、三等奖的调查作品[①]，其中，一等奖共计 16 份，每年平均 2 份；二等奖共计 70 份，年均 10 份；三等奖 124 份，年均 18 份（表 5-1）。同时，作者对历年作品的选题类型进行了归纳（表 5-2），针对城市群体、城市地块、城市问题三大调研对象的分别有 44 份、67 份、99 份作品，其中，作品数量较大的城市问题可以细分为交通停车、公共设施及其他社会问题，三者分别约占 1/3 比重，而交通类选题相对突出。

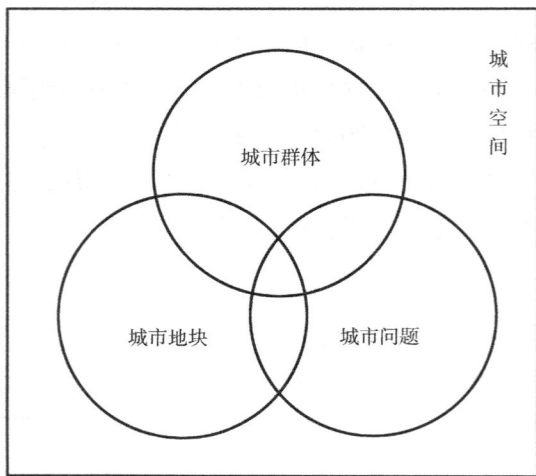

图5-3　以"城市空间"为基底的典型调研对象

---

① 2004年以前作品主要是佳作奖和鼓励奖，并限定了选题范围，故此没有进行统计。

总体上来看，将城市群体、城市问题作为选题对象的作品数量呈逐年上升的趋势，说明社会调研作品选题的视角更加具体化和细化，而以城市地块为选题对象的作品仍然占据重要份额，这是城市规划专业长期所形成的调研传统。

历年全国大学生城市规划社会调查获奖作品统计　　　　　表 5-1

奖项	2004 年	2005 年	2006 年	2007 年	2008 年	2009 年	2010 年	总计
一等奖	2	2	0	3	4	3	2	16
二等奖	12	10	6	12	12	10	8	70
三等奖		18	10	15	23	43	15	124

历年全国大学生城市规划社会调查获奖作品选题类型　　　　　表 5-2

选题	2004 年	2005 年	2006 年	2007 年	2008 年	2009 年	2010 年	总计
城市群体	2	4	3	6	10	10	9	44
城市地块	9	12	3	7	11	18	7	67
城市问题	3	14	10	17	18	28	9	99
①交通		5	3	5	4	9	3	29
②停车		1		1	2	3	1	8
③设施	1	6	5	6	5	6	3	32
④其他	2	2	2	5	7	10	2	30

（一）特殊的城市群体

城市社会学较为强调对城市社会群体发展规律的研究，其中，对弱势群体的关注成为城市规划过程中能够体现社会公正的重要一环。近年来城市规划社会调研获奖作品注重将非主流城市群体作为研究对象，包括老年人、女性、残疾人、摊贩、农民、外来人口等（图5-4），并取得了较为突出的成绩（表5-3）。

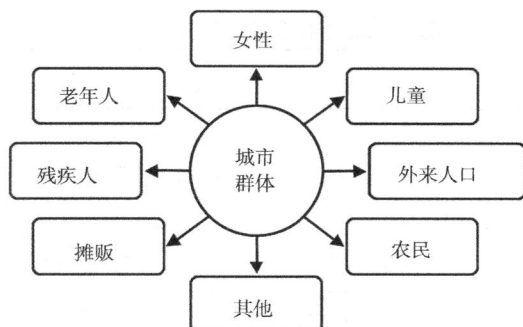

图5-4　近年来城市社会调研的热点对象——"城市群体"

近年来城市社会调研的特殊群体   表 5-3

特殊群体	获奖案例	获奖单位	获奖等级
老年人	遗忘的角落——城市老年人使用非常规空间社会调查（2010）	北京大学	一等奖
女性	女性·路径·安全——大路社区公共空间路径安全调查（2009）	重庆大学	一等奖
外来人口	南京市居住空间求租群体调研报告——以大学生、进城农民、白领为主（2004）	南京大学	二等奖
残疾人	愿与光明同行——北京市盲人使用公交车情况调查（2005）	北京大学	二等奖
摊贩	商旅不行，后不省方——沙坪坝核心区流动商贩存在状况调查分析暨改进建议（2007）	重庆大学	二等奖
农民	禾去何从——"厂中村"农民生活状况及土地利用情况（2009）	苏州科技学院	三等奖
儿童	街巷·儿童——广州传统街巷式住区儿童户外活动空间调研（2008）	中山大学	三等奖

例如，2007 年、2010 年北京大学和 2009 年同济大学的 3 份一等奖作品均将老年人作为调研对象。外来人口、摊贩、农民也是近年来调研作品的重要选题对象，2006 年 2 份三等奖作品、2007 年 3 份二等奖作品、2009 年 4 份二三等级作品均有以上选题特征，2010年有 5 份三等奖作品选择了农村、农民社会问题调研。另外，也有部分获奖作品将少数民族、外国人聚集区作为调研对象。以上表明，城市老龄化、农村城市化、人口流动化成为当前城市社会发展最为鲜明的现实特征。

（二）变化的城市地块

城市地块调研是城市规划专业的传统课题，在近年来的获奖作品中仍然占据主流地位，其选题重点主要揭示商业化背景下各种用地功能性质的变化特征及其深层原因。根据统计结果，2005 年、2007 年、2009 年均有 1 份一等奖作品关注于商业街区或历史街区的城市调研；而在历年的二三等奖作品中，对城市公共空间、广场、小区、公园、商业街和历史街的关注热度较高，其次是城市近郊区、边缘区和遗忘区（表 5-4）。在以上获奖作品的调研中，时常出现将城市地块选题与城市群体、城市问题相互融合，从而获得"平淡中见真奇"的选题效果。

近年来城市社会调研的变化地块   表 5-4

主要地块	获奖案例	获奖单位	获奖等级
商业街区	商业化背景下的住区变迁——以珠江路科技街的兴起为例（2005）	中山大学	一等奖
休闲空间	"城市新名片"历史环境中的现代城市广场——西安大雁塔南北广场调研报告（2004）	西安建筑科技大学	二等奖
历史街区	"流行"碰撞"传统"——酒吧进入什刹海历史街区影响的调查报告（2005）	北京大学	二等奖
居住小区	80 新颜，08 旧貌——哈尔滨新发小区实证调研（2008）	哈尔滨工业大学	二等奖

续表

主要地块	获奖案例	获奖单位	获奖等级
公共空间	城市客厅里的休闲时光——西单广场使用模式调查（2007）	北方工业大学	二等奖
遗忘区	遗忘的城市橱窗——杭州市古荡地区城市围墙调研报告（2006）	浙江大学	二等奖
近郊区	四十而"惑"——上海城郊中年失地农民就业难现象调查（2010）	同济大学	三等奖

例如，2007~2010 年北京大学相继通过老年人、儿童、人力车夫的视角，对北京传统四合院、胡同、历史社区等城市地块进行调研，获得了 4 次一等奖的竞赛成绩。由此可见，我们对城市空间的规划更要注重对社会群体的尊重，即充分体现出"人本主义"的人文关怀，这也正是国内外城市规划专业强化社会调研的主旨所在。

（三）典型的城市问题

城市问题是许多学科关注的重要研究对象，包括社会学、地理学、经济学、管理学等综合性一级学科，当前城市规划专业已经发展成为一门新的一级学科，对城市问题的关注也将是其研究重点（表 5-5）。从历年城市规划专业社会调研获奖作品来看，有关城市问题的调研占据最多的数量，其中，城市交通、城市公共设施、城市住房、城市管理及其他方面是主要的选题类型：①约有 37 份获奖作品选择交通问题为调研对象，占获奖总数的 17.6%，表明城市交通已经成为国内各大城市所面临的最为重要问题，而道路交通规划也是城市规划专业的重要组成部分。②约有 32 份获奖作品选择公共设施问题为调研对象，占 15.2%，说明随着城市化快速推进、城市规模日渐扩大和城市生活质量日益提高，公共服务设施的稀缺不完善及其布局不合理将是城市规划所要关注的重点。③城市居住、就业、管理、环境等约占城市问题选题总数的 1/3，表现出国内城市生活软环境有待逐步提升的发展趋势。

近年来城市社会调研的典型问题　　　　　　　　　　表 5-5

典型问题	获奖案例	获奖单位	获奖等级
道路交通	安车乐业——天津大胡同商业区停车难问题社会调研（2010）	天津大学	二等奖
公共设施	垃圾何处容身？——南京奥体新城环卫设施配置调查（2009）	南京大学	三等奖
住房变迁	庭院深深"深"几许——杭州市庭院改造绩效评价调研报告（2009）	浙江工业大学	二等奖
社区管理	社区管理：从"政府本位"到"公众本位"——由基层居委会向社区管理网络的转变（2007）	东南大学	三等奖
生活环境	夜初上，几多流明——社区夜间照明调研报告（2006）	哈尔滨工业大学	二等奖

三、调研目的：城市经济、社会、环境协调发展

从国外城市规划学科发展的历程来看，相继经过了物质空间规划、经济社会规划、生

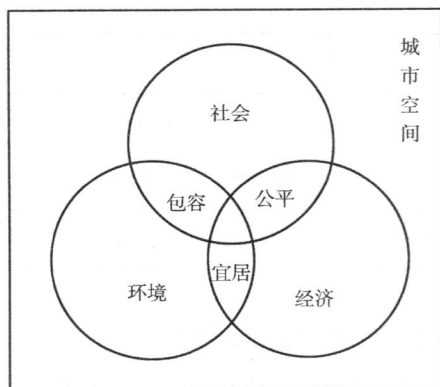

图5-5　城市社会调研与规划建设的目标

态环境规划等演变阶段，最终成为一门综合规划类型学科，而设计和工程学科的主导地位逐渐被人文和社会学科所取代（谭少华，赵万民，2006）。当前我国正处在快速工业化和城市化的进程中，这决定了物质空间形态规划仍然占据主流地位，其次是经济社会规划及生态环境规划。然而，国内城市规划学科的社会转型也将是未来发展的必然趋势，城市空间与经济、社会、环境的协调发展是城市规划的终极目标，而开展城市社会综合实践调研的目的也即是如此（图5-5）。

城市规划作为一门公共政策性质学科，其重要的功能之一就是促进社会发展。广义的社会发展是指涵盖经济发展在内的社会全面发展进步；狭义的社会发展则是指与经济发展相并列的社会发展层次，主要关注于人类关系的建构，以人的全面发展为中心（黄亚平，2005）。美国学者塞缪尔·亨廷顿认为，发展包括经济增长、公平、稳定、民主和自由等五个方面，但各个目标之间存在着冲突与矛盾，追求相互和谐发展很难实现。然而，根据"空间的生产"理论和"社会–空间"辩证法，我们可以通过调整重组城市空间来实现社会的公平，例如，保证城市土地、空间资源、环境资源的公平分享，排除性别、种族、阶层的划分和居住空间的差异，将城市基础设施、公共服务设施、公益性设施等在空间上合理而平衡布局，从而可以控制或减少社会分化，推动社会公平目标的实现。

由此可见，历年的城市规划专业社会综合实践调研无不是围绕这些目标来深入推进，包括对城市弱势群体、城市敏感地块、城市公共设施、城市典型问题等方面的选题，其共同目标就是促进城市空间与经济、社会、环境的协调发展。

四、浙江工业大学城市社会空间调查及其获奖作品概述

浙江工业大学城市规划专业成立于2000年，至今已经有十多年发展历史，并逐步呈现出"工程与艺术＋经济与社会＋政策与制度"有机结合的专业特征。所以，该学科积极鼓励历届学生广泛参与城市社会空间调查，并取得了显著的研究成果，引起国内城市规划专业院校的广泛关注，这也是该专业能够顺利通过2010年住房和城乡建设部教学评估的

重要原因之一（至今全国通过评估院校约 20 多家）。现以全国高等院校城市规划专业指导委员会举办的学生作品评优活动为例，将近年来城市社会空间调查教学过程及其获奖作品表现特征简述如下：

（一）教学方法概况

在《城市研究专题》（即《城乡社会综合实践调研》）课程讲授之前的学期教学安排中，相继有《城市地理学》、《中外城市发展与规划史》、《城市经济学》、《城市规划原理》、《城市社会学》等理论性较强的课程开设，这样有利于提高学生运用各方面的理论知识对城市问题及现象的认知与分析能力。特别是在《城市社会学》32 个学时的课程讲授中，重点关注于"地方"（place）概念的讲解，以及与传统"空间"（space）概念区别，增强学生对城市空间的社会属性关注，进而引出西方城市社会学相关经典理论，并对中西方城市社会空间结构特征及其组成要素进行抽丝剥茧式分析，最后再对当前城市发展过程中涌现的各类城市问题进行逐一讲解，如住房、交通、公共空间、消费空间、弱势群体、老龄化、城市贫困、公众参与等。

在《城市研究专题》课程中，首先安排 32 个学时中 1/3 的教学时间重点开展城乡社会调查方面的选题、调查、分析及撰写等方法及规范的讲授，同时布置学生课余时间思考每个调查小组的选题，在课堂上也预留出一定的时间进行选题汇报及讨论。在选题的过程中，要求一定要以兴趣和问题为导向，调查题目具有理论与实践方面的背景和意义，调研对象既不能太小，范畴也不能太大，基本具备调研的可行性和操作性；同时并阅读城乡规划类及人文地理类的相关期刊文献，关注当前的城乡社会问题的热点探索，最好能够选择出 1~2 篇能够参考借鉴的范文，主要用于理论视角方面的学习和理解。

其次，在后 2/3 的教学时间内，指导学生课余开展 2~3 轮实地调查，每轮调查均要有相应的报告成果，例如，第一轮调查重点是结合所选题目进行现场踏勘与发现，总结需要开展调研的相关问题，并理出初步调查提纲或逻辑体系，在课堂上进行汇报或分组讨论；第二轮调查重点可以开展访谈或问卷，并取得一定的初步结论，完善或修改访谈及问卷内容，以备再进行补充性调查，同时开始着手相关数据统计分析，以及报告提纲及内容的撰写；第三轮调查重点是验证性调研或补充性调研，根据所取得的报告成果的不足或缺陷之处，进行相关问题的多方面或深化性调查，同时并按学术规范性要求准时完成全部调查报告。在该课程的讲授期间，分别安排期中和期末两次城乡社会调查报告汇报，并邀请相关课程老师共同讨论且提出针对性建议。

（二）教学成果成效

自 2006 年开始参与全国高等学校城市规划专业指导委员会学生作品评优活动以来，城乡社会调查报告竞赛成绩持续攀升，无论是获奖作品的质量还是数量，均呈现出良好的发展态势（图 5-6）。2010 年该校城乡规划专业首次通过住建部全国高校城乡规划专业评估，若以此为时间节点，前期重点表现为调查报告的质量逐年提高，后期则表现为质量和数量

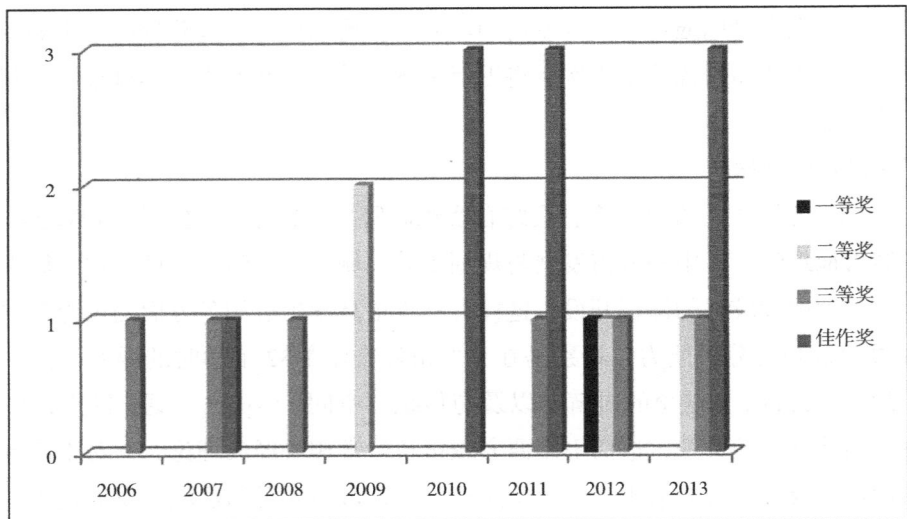

图5-6　浙江工业大学城乡规划专业学生社会调查报告获奖情况

注：2010、2011均含交通创新类佳作奖1份；2012、2013分别含交通创新类一等奖、二等奖各1份。

的双重提升，这与《城市研究专题》课程授课的师资力量及课内外指导时间的逐步扩充密不可分，同时也对城市设计单元学生作品竞赛产生了良好的互动循环作用。

1. 参赛起步期

2006~2009年。该阶段社会调查获奖作品共6份，其中，2006、2007年三等奖2份，佳作奖1份，调研对象以流动摊贩、居住小区、历史街区、新农村建设等为主，较为符合城市社会空间调查的主流内容。2008年、2009年二等奖2份（同年份，当年全国共10份），三等奖1份，调研对象以庭院改造、非机动车停车、保障房、旧城改造等为主。相比前期选题范围明显扩大，调查报告质量也达到一个高峰，并更为关注于城市发展过程中急需解决的社会问题。

2. 数量扩张期

2010~2011年。该阶段获奖作品数量之多创造学科专业历史新纪录，两年内共有7份获奖。其中，社会调查类三等奖1份，佳作奖4份，交通佳作奖2份。调研选题更为多样化，包括城乡安居工程、老龄化社区、环卫工、外来务工者、公共空间等方面，这表明学生的选题视野更为宽阔，社会责任感更加强烈，城市调查主动参与性更强。

3. 质量优化期

2012~2013年。两年内学生作品的获奖数量及等级达到新高度，共有8份获奖。其中，社会调查类二、三等奖3份、佳作奖3份、交通一、二等奖各1份。调研选题关注于城市广场、新业态与老社区、信息化背景下的交通出行创新等方面，社会调查选题仍然集中于城市，将社会问题与城市空间相融合，并出现向城市边缘区及乡村社区选题的趋向，如城市近郊区、美丽乡村。

（三）调查报告特征

开展社会调查是由城市空间的社会属性所决定。纵观近10多年来全国大学生城市规划社会调研获奖作品，可以发现"城市空间"是开展社会调研的焦点，而在此基础上主要关注三大调研对象，包括城市群体、城市地块和城市问题。在此过程中，浙江工业大学城乡社会调查选题也不例外，主要集中在城市社区类、乡村社区类、城市群体类及城市问题类几大领域，其中在城乡社区类获奖的数量和等级为最，城市问题类获奖等级也较高，城市群体类获奖数量较多（表5-6）。

在我国新型工业化、信息化、城镇化和农业现代化背景下，城乡社会调查将面临更多的研究领域和发展机遇，如对城市边缘区与乡村社区的关注、信息化技术影响及智慧城市的关注、城市边缘工业区转型的关注等，而这些调研范畴已经被纳入浙江工业大学城乡社会调查课程中，特别是在近年来交通出行创新方案竞赛单元中，以信息化系统整合方向为选题获得一、二等奖的佳绩（表5-7）。

浙江工业大学城乡社会调查报告获奖作品选题特征　　　　表 5-6

序号	选题类型	学生作品	获奖等级	时间
1	城市社区类	"别在我家后院"综合症分析——杭州市居住小区公共设施布局的负外部性问题调研	三等奖	2006
2		基于4E模型的杭州市经济适用房公共政策绩效调研及评价	三等奖	2008
3		庭院深深"深"几许——杭州市庭院改造工程绩效评价调研报告	二等奖	2009
4		新业态，老社区——大型超市入驻对杭州市传统住区商业的影响调查	三等奖	2012
5		城市客厅里的故事——杭州广场活力社会调研	二等奖	2012
6		"绿绿"有为，老有所依——杭州市老龄化社区绿地公园使用情况调研	佳作奖	2011
7		大社区、小社会——杭州市郊区大盘配套设施现状调查	佳作奖	2013
8		空间微循环——微观土地利用特征对杭州城市居民出行方式的影响调研	佳作奖	2013
9	乡村社区类	新农村剧：从无声到有声——来自浙江省近千份农村公共品满意度与需求度问卷的测评报告	三等奖	2007
10		如何让农民"乐"迁"安"居？——基于农民意愿的浙江省城乡安居工程调研	三等奖	2011
11		大美中国、小美乡村——基于不同发展模式的杭州市美丽乡村典型实例调研分析	佳作奖	2013
12	城市人群类	猫鼠握手之后——杭州流动摊贩实施规范化试点之后状况调研	佳作奖	2007
13		"为医消得人憔悴"——杭州市外来务工人员就医行为及医疗设施空间布局调研	佳作奖	2010
14		"幼吾幼以及人之幼"——杭州市外来务工人员子女就读幼儿园的情况调研	佳作奖	2010
15		一路上有"你"——杭州市环卫工人工作环境与设施布局调研	佳作奖	2011

续表

序号	选题类型	学生作品	获奖等级	时间
16	城市问题类	车轱辘的方寸空间——杭州大型超市非机动车停车问题调查研究	二等奖	2009
17		我的地盘谁做主——公众参与背景下杭州城市规划典型冲突事件的社会调查	三等奖	2013

浙江工业大学城市交通出行创新报告获奖作品选题特征　　表5-7

序号	学生作品	获奖等级	时间
1	行尽江南烟水路——京杭运河沿岸非机动车出行方式效率调查	佳作奖	2010
2	曲直长廊路路通——以杭州凤起路骑楼改造效用为例	佳作奖	2011
3	基于即时交友软件信息平台的合乘系统	一等奖	2012
4	公交因你而不同——基于云端GIS技术的实时公交出行查询系统	二等奖	2013

附　录

全国高校城乡规划专业社
会调查报告获奖作品

附录A 庭院深深"深"几许?!
——杭州市庭院改造工程绩效评价调研报告(二等奖)

【摘要】杭州连续五年被评为最具幸福感城市,政府在建设和谐杭城过程中做了很多努力,其中庭院改善工程是改善城市面貌的又一大手笔。然而政府花重金大力支持实施的庭院改善工程,公众的反应却冷热不一。庭院改善工程的实效性如何,需要通过居民(作为直接参与者与使用者)来对其进行最直观的评价。调研根据小区改造的实际情况,针对景观、功能与管理三个方面,展开全市范围内的问卷测评,结合对比政府的投资改造力度,探究居民的满意度特征,需求度趋向,以及政府改造力度和居民意愿之间的错位,以此来评价庭院改善工程的实效性。为杭州下一步的庭院改造提供启示与借鉴。

【关键词】庭院改善工程 公众参与 景观 功能 管理 区位差异性 改造力度 居民满意程度 需求度 居民意愿

作者:钱姗姗,周艳丽,申屠萃,金华良;指导老师:陈前虎,宋绍杭;获奖时间:2009年

附录 全国高校城乡规划专业社会调查报告获奖作品

第1章 绪 论

1.1 调查背景

作为国际著名的风景旅游城市，为了提高城市环境质量，杭州市提出了创建生活品质之城，近年来市政府对老城区实施了各项更新改造工程。继背街小巷之后，2007年末，杭州市又开始对建于20世纪八九十年代的老旧小区实施了大规模的改造，并提出了"公众参与"的新理念，走在了全国的前列（附图A–1~附图A–3）。

然而政府花重金打造的"民心工程"，公众的反应却冷热不一，其中的原因也没有得到深入的探究（附图A–4）。虽然政府对庭院改善建设提出了明确的目标原则，但相关的实证调研，即从真正的"主角"——居民来探讨庭院改造的使用效率与投资效果的却不多见。因此，我们将在杭州主城区范围内，对经过庭院改造社区的改造情况进行实证的调查研究。

1.2 调查目的和意义

1.2.1 目的

（1）工程开展一年半以来，庭院工程改造情况如何？公众满意度怎么样？

（2）政府改造力度与居民需求的关系，当中问题何在？庭院改造工程是否真正实现了"公共参与"？

（3）希望通过我们的调查，分析获得改造存在的问题，唤起规划部门及政府的关注，为杭州下一步的庭院改造提供启示与借鉴。

附图A–1 杭州市庭院改善工程的报道

附图A–2 凤起路558号庭院改善前

附图A–3 凤起路558号庭院改善后

附图A–4 庭院改造公众看法

1.2.2 意义

杭州市庭院改善工程不仅仅是关系到居民生活条件改善的问题，更是体现公众（市民）作为主角真正参与到城市建设与管理中，本调研对提高公众参与的有效性具有较大的意义，并指导政府部门提高工作质量，使资源得到有效利用和优化配置（附图 A-5）。

附图A-5 公共参与庭院改善工程

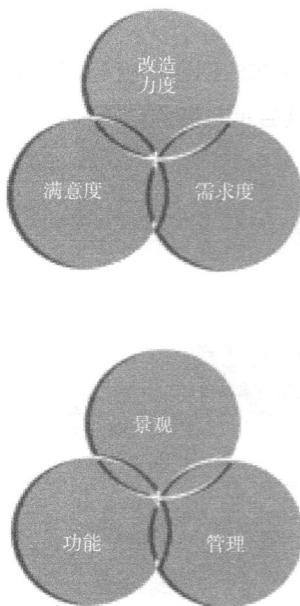

附图A-6 指标体系构成

1.3 概念、指标界定

调研从两方面入手，一方面通过走访杭州市各级城管部门，得到庭院改造过程中政府的投资数据，了解工程的实施概况。

另一方面，根据实际情况归为 12 项改造内容，分成景观、功能和管理三大类（附图 A-6）。调研以小区为单位，围绕 12 项改造内容的居民满意与否、未来需求状况及个中原因展开调查与访谈。分别解释如下：

（1）满意与否只需被调查者对 12 项改造内容进行不限数目地打√选择即可；

（2）未来需求状况是假定庭院改造继续深化，让被调查者对未来改造作出最优的内容选择；

（3）个中原因是要求被调查者对上述满意与需求的选择行为作出进一步的解释。

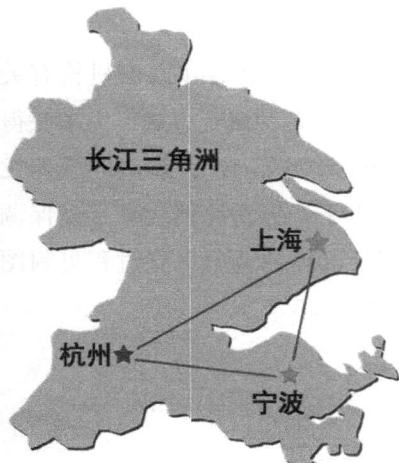

附图A-7　杭州市区位图

1.4 调研区域介绍

调研的区域范围面面向整个杭州市（附图 A-7）。

在调查过程中了解到：所处的地块定位与区位条件差异性会导致工程改造的力度不同，因而以此为依据，对测评的区域分类为：

一类社区：靠近景区，运河沿岸等景观要求较高的地区归为区位条件较好的社区。

二类社区：城市一般地区，对城市景观要求不高的地区归为区位条件较差的社区。

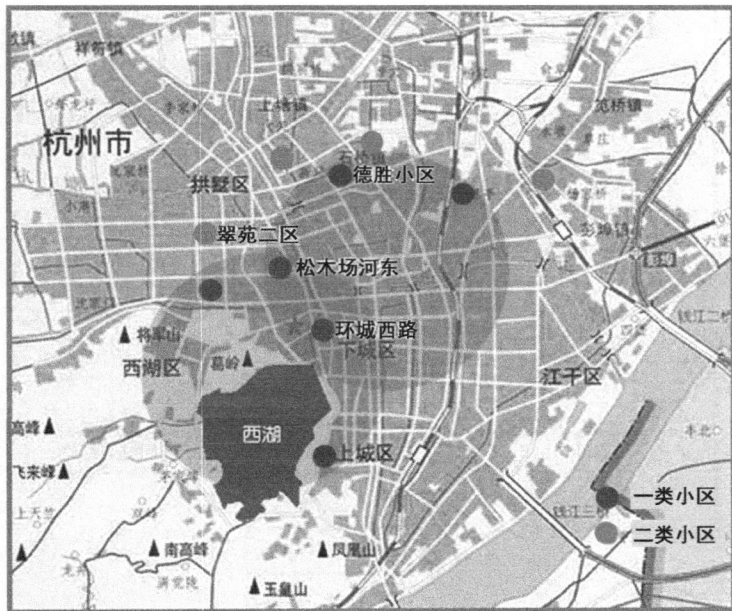

附图A-8　调研区域

得到如下分布（附图 A-8、附图 A-9）：

（1）地块定位，区位条件较好的（一类社区）：包括环城西路 38 号、42 号、50 号，西湖区松木场河东，德胜小区，庆丰村，三里亭小区，景芳小区等。

（2）地块定位，区位条件较差的（二类社区）：包括翠苑二区、绍兴新村、正兴堂弄、贾家弄新村等。

附图A-9　庭院改造试点小区

1.5 调研方法与思路

本次调研采用文献查阅、问卷调查、访谈（政府机构有关人员及小区居民）、实地考察、拍摄等多种调查方式，力求获得准确翔实的一手资料（附图 A-10~ 附图 A-12）。调查问卷的发放尽量保证覆盖各年龄段和文化水平，男女比例均衡，确保调查结果能够客观地反映现实状况。具体的调研思路过程见附图 A-13。

附图A-10　问卷调查

附图A-11　观察走访

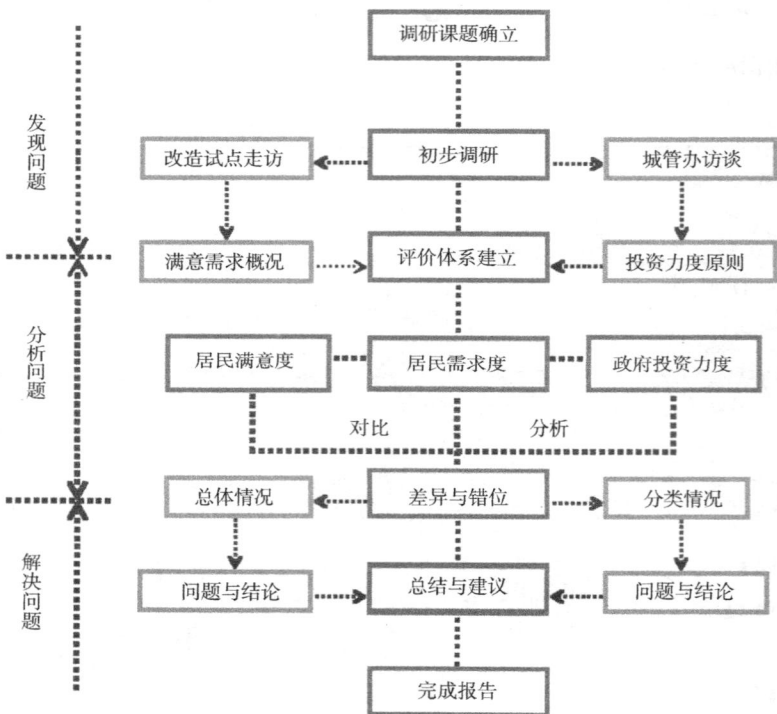

附图A-13　调研流程图

已改造小区　　　　　　　小区居民　　　　　　　相关政府部门

附图A-12　调查、访谈对象

第2章　测评结果及特征分析

2.1 总体测评结果统计

根据形态特征与属性范畴，对庭院改造内容的评价因素归类划分，探究其区域差异性特征与总体需求取向。

具体数据及排序情况见附表 A-1 所列：

总体绩效评价统计表　　　　　　　　　　　　　　　附表 A-1

改造性质与分类		改造力度			满意度			需求度		
分类	内容	总体	一类社区	二类社区	总体	一类社区	二类社区	总体	一类社区	二类社区
景观类	园林绿化	45945 3	63204 3	28685 3	208 4	106 5	102 4	67 6	31 7	36 4
	历史文化	1003 12	1448 11	558 12	122 12	71 11	51 12	68 5	48 4	20 8
	建筑外观	163239 1	222228 1	104250 1	251 1	142 2	109 1	29 12	18 12	11 12
	城市家具	6871 7	5643 9	8099 5	222 3	117 3	105 2	34 10	19 10	15 10
功能类	附墙构件	68970 2	102308 2	35632 2	182 8	96 7	86 11	108 3	72 2	36 5
	市政管线	16254 4	28175 4	4333 6	245 2	144 1	101 5	31 11	19 11	12 11
	活动设施	4997 9	7772 8	2222 9	192 7	81 9	104 3	116 2	84 1	32 6
	交通设施	13709 5	16418 5	11000 4	194 6	101 6	93 7	64 7	22 9	42 2
	旧房违建	5483 8	9220 7	1746 11	178 9	79 10	99 6	54 9	38 6	16 9
管理类	社区卫生	1849 11	1662 10	2036 10	206 5	112 4	94 7	61 8	24 8	37 3
	社区服务	2388 10	1315 12	3461 7	175 10	88 8	87 10	70 4	40 5	30 7
	社区安全	9797 6	16313 6	3281 8	138 11	50 12	88 9	128 1	68 3	60 1

说明：改造力度一栏数据表示平均单幢住宅改造价格，单位：元；满意度、需求度是调查对象的数量绝对值，单位：人。

2.2 总体特征分析

由庭院改造的供给绩效排序得出相关结论：

为了对测评结果的特征分布作深入研究，将排序结果按"大、中等、小"与"高、中等、低"三级标准进行了等级划分，并根据上述规律对不同等级给予相应的分值，建立起完整的供给绩效评价体系，分别见附表 A-2~ 附表 A-5 所列。

划分等级及分值　　　　　　　　　　　　　　　　　　　　附表 A-2

排序	改造力度	满意度	需求度	绩效评价结果
第1~4位	大（5分）	高（5分）	大（1分）	好（13~15分）
第5~8位	中等（3分）	中等（3分）	中等（3分）	中等（9~11分）
第9~12位	小（1分）	低（1分）	小（5分）	差（3~7分）

改造力度的等级归类　　　　　　　　　　　　　　　　　　附表 A-3

排序	改造力度分值	改造内容
第1~4位	大（5分）	建筑外观、附墙构件、园林绿化、市政管线
第5~8位	中等（3分）	交通设施、社区安全、城市家具、旧房违建
第9~12位	小（1分）	活动设施、社区服务、社区卫生、历史文化

满意度的等级归类　　　　　　　　　　　　　　　　　　　附表 A-4

排序	满意度分值	改造内容
第1~4位	高（5分）	建筑外观、市政管线、城市家具、园林绿化
第5~8位	中等（3分）	社区卫生、交通设施、活动设施、附墙构件
第9~12位	低（1分）	旧房违建、社区服务、社区安全、历史文化

改造需求度的等级归类　　　　　　　　　　　　　　　　　附表 A-5

排序	需求度分值	改造内容
第1~4位	大（1分）	社区安全、活动设施、附墙构件、社区服务
第5~8位	中等（3分）	历史文化、园林绿化、交通设施、社区卫生
第9~12位	小（5分）	旧房违建、城市家具、市政管线、建筑外观

2.2.1 景观类改造

景观改造主要是为了满足居民的基本景观视觉要求，文化情趣等以及城市形象所做的改造项目，包括园林绿化、历史文化、建筑外观、城市家具。

按照评价体系，对景观改造绩效评价见附表A-6。

附图A-14　翠苑二区改造后中心公园景观小品

景观类改造打分　　　　附表 A-6

类别	改造内容	改造力度	满意度	需求度	评价结果
景观改造	园林绿化	大（5分）	高（5分）	中等（3分）	好（13分）
	建筑外观			小（5分）	好（15分）
	城市家具	中等（3分）			好（13分）
	历史文化	小（1分）	低（1分）	中等（3分）	☆差（5分）
	平均得分	3.5分	4分	4分	11.5分

"☆"表示值得注意的内容（以下表格相同）。

由附表 A-6 的评价得知，景观建设投入最大，满意度最高，总体绩效评价在所有建设项目中最优（11.5分）。

（1）建筑外观、园林绿化、城市家具评价为"好"，得分都在13~15分，改造绩效明显。这说明，政府在景观方面建设成果较好（附表 A-7），对于老旧小区外观物质环境的改造投入了较大的力度，在致力于整治杭州市老旧小区居住环境脏、乱、差的现状，改善居住环境、协调城市整体风貌的指导政策得到了切实的贯彻（附图 A-14~附图 A-17）。

附图A-15　环城西路32号建筑立面整治效果

2008 年庭院改善环境工程建设成果　　　附表 A-7

概况	项目内容	部分成果统计
全市共完成 278 个庭院 1401 幢房屋改善 共使 58842 户，20.6 万居民受益 据杭州市统计局抽样调查统计，有 90.1% 的市民认为改善居住环境	户外环境	改造、增加绿地 33.3 万 m²，新增公共休闲场所 13.1 万 m²
	建筑表面	整治外立面 507.7 万 m²，楼道内立面 373.5 万 m²，"平改坡" 120 万 m²
	城市家具	新增路灯 3211 盏，改善垃圾箱（房）1242 处

附图A-16　翠苑二区新增广告牌、ATM提款机

附图A-17　安吉路破旧小区
与相邻的环城西路

附图A-18　居民精神文化需求

● "深"入探寻：

· 政府高度重视：当前杭州正在创建"与世界名城相媲美的生活品质之城"，老城区的旧住宅小区是影响城市环境的症结之一，景观环境的改造被作为城市更新基础及重点项目，由此政府对这方面的投入最大，较重视，改造效果也较好。

· 受人们的需求规律影响：偏向可给自身带来直接利益的内容，在其大都满足后才考虑可给整体带来巨大利益的需求。对居民而言，目前基础功能类的改造还尚未完善，故对于景观环境改造的总体需求度小。

（2）在历史文化的保留与挖掘方面评价"差"，得分为7分。说明目前政府在社区文化的挖掘、生活风貌的延续等居民精神需求方面做得并不理想。

● "深"入探寻：

· 精神文化方面的建设与物质环境建设存在明显的差距，且相对滞后。

庭院改造工程还处在初期的物质环境层面的阶段，而且主要由政府部门主导进行，重视物质环境改造而忽视精神环境的营建，未能切实地从"以人为本"的角度出发进行改造工程（附图A-18）。

· 居民日益增长的精神文化需求。

对于居民来说，良好的居住环境已不仅仅是物质空间上的，还需要丰富的文化活动，熟悉习惯的生活场景和人文风貌。尤其杭州作为著名的风景旅游城市和历史文化名城，在这方面的要求更高。

> 总的来说，目前的庭院改造工程主要以大规模的外观性物质环境改善为主，注重视觉形象，虽然在提出的改造计划中列入了历史文化挖掘与保留这一项，但该项实施力度不高，对于小区居民更深层次的精神需求方面关注不够。

2.2.2 功能类改造

主要是指针对老住区的道路整治、给水排水管道更换、电力线上改下、对违章建筑的改造处理，设置基本的公共活动设施，以及住宅楼附墙基本构件（晾衣架、雨棚、空调机位等）等的改造，是民生工程中的最基本的需求（附图 A-19~ 附图 A-23）。

按照评价体系，对基础功能建设绩效评价见附表 A-8。

附图A-19　信义坊改造后建筑附墙构件

功能类庭院改造项目绩效评价表　　　　　　　附表 A-8

类别	改造内容	改造力度	满意度	需求度	评价结果
功能改造	附墙构件	大（5分）	低（1分）	大（1分）	☆差（7分）
	市政管线		高（5分）	小（5分）	好（15分）
	交通设施	中等（3分）	中等（3分）	中等（3分）	中等（9分）
	旧房违建		低（1分）	大（1分）	☆差（5分）
	活动设施	小（1分）	中等（3分）		☆差（5分）
	平均得分	3.4分	2.6分	2.2分	8.2分

附图A-20　信义坊管线整治后

（1）市政管线设施，供给力度和满意度都比较高，绩效评价效果"好"，得分为 15 分，说明政府对于生活必需品供给设施的建设投入与居民的实际需求还是很符合的，得到了居民的好评。

（2）建筑附墙构件、道路交通设施、旧房违建、公共活动设施的绩效评价均不高，其中建筑附墙构件、旧房违建、公共活动设施的绩效评价均为"差"，得分为 7 分、5 分、5 分，政府的投入与居民的需求之间存在着很大的差异，表现为居民的满意度低，需求度高。

附图A-21　翠苑二区一层庭院内拆除违建后

● "深"入探寻

政府的投入偏向于生活基本必需品和城市外观、视觉美化、缺少对居民实际需求的深入调研，比较浅表。

· 主要以美观的目的：部分工程（如保笼"凸改平"），主要以美观为目的，但大多数居民因为安全需要和使用方便等原因，并不愿意拆除。

· 没有问需于民：多数被改造的小区都是老旧小区，里面住的大多是年龄较大的居民，改造时没有从老人的角度考虑，缺少很多必要的设施。

· 土地资源稀缺：在杭州这样一个寸土寸金的城市，没有过多的场地可用来建设公共活动设施，所以在改造时碍于土地的限制，力度不大。

（3）另外表中还反映出一个现象：政府的投入力度与满意度成反比的现象，投入大，但满意度低，需求度大的现象。

附图A-22　德胜新村道路整治后

附图A-23 信义坊新增的公共活动设施

"建筑整体外观是好看了很多，但是实用性不高，像这个晾衣架，宽度有75cm，而上面的雨棚宽度只有70cm，每次衣服晾着都会被楼上滴下的水给弄湿，很不方便。"

"公园里的设施大多是为了小孩玩耍提供的，老年人的健身设施很少，而且公园里的小凳子都是没有靠背的，就连亭子里坐的地方也从原先有靠背的改成了没靠背的。"

"道路整治之后虽然有所改善，但问题解决的不彻底，积水现象仍然很严重，而且道路宽度太小，加上路边总是停着很多车，行人过往非常不便。"

附图A-24 功能类改造公众看法

附图A-25 翠苑二区新增的电子门

● "深"入探寻

这一点比较明显的表现在建筑附墙构件和旧房违建方面，虽然在这些方面投入了很大的资金，但还是没有收到很好的效果，我们在调研中发现主要的原因：

·工程质量问题：主要由施工选材及施工队伍素质造成。由于改善工程用材品种多，一些未纳入招标的材料（如保笼，塑钢门窗等）质量差，而施工队伍素质差致使存在一些豆腐渣工程，居民意见较大。

·管理维护效果差：调查发现，改造结束后政府极少采取后期管理维护措施。

·工程难度大：拆保笼以及拆违建的过程难度比较大，可能造成结果不尽如人意。

总体说来，基础功能建设的满意度不如景观建设，而需求度远大于景观建设，供给结构失衡，总体绩效评价在中等水平(8.2分)，次于景观建设（附图A-24）。投入与需求之间的差异性明显。

2.2.3 管理类改造

主要是指针对小区软环境（包括社区保安门、住宅防盗电子门的安装，楼道卫生，社区管理服务等）的改造处理，是居民安心生活的基本保障（附图A-25~附图A-27）。

按照评价体系，对管理建设绩效评价如下（附表A-9）：

管理建设绩效评价　　　　附表A-9

类别	改造内容	改造力度	满意度	需求度	评价结果
管理改善	社区安全	中等（3分）	低（1分）	大（1分）	☆差（5分）
	社区卫生	小（1分）	中等（3分）	中等（3分）	☆差（7分）
	社区服务	小（1分）	低（3分）	大（1分）	☆差（3分）
	平均得分	1.67分	1.67分	1.67分	5分

（1）社区管理建设的绩效评价整体偏差，低于景观和功能方面的建设，平均得分5分。

● "深"入探寻

·政府主导，出现偏差：偏重物质环境改造而疏忽社会安全环境的营建。

·上下部门管理脱节：庭院改造由城管办控制，设计公司具体实施，社区街道居委会处理反馈问题，三者之间的脱节管理，导致管理方面没有有效实施。

· 改造规模庞大，资金投入和时间的限制：管理方面的资金投入与建设有着复杂和巨大的工程量，政府在此次改造中涉及管理方面并不多。

（2）社区安全的需求度大，满意度低，居民反馈问题最多。

● "深"入探寻

· 社区安全管理存在隐患：虽安装了电子门，起到了一定的保障作用，但具体的保安巡逻没有做到位，防盗宣传工作没有有效开展，遭窃后社区也没有得体的处理手段，对再次犯罪没有提出警示作用。

· 需求度与实际建设力度不符：良好的居住环境不仅是功能外观等物质空间上的，最主要的是居住的安全保障，调查显示出居民对社区安全的需求度很大，但与实际建设力度不符，导致居民满意度低。

· 在管理类中社区卫生得分最高，但仍不能满足居民的需求；社区服务得分最低，政府对卫生、服务等这些相对隐性的设施缺少重视。

● "深"入探寻

· 社区卫生改善，没有深入：虽然建设了垃圾收集站，专门设置清洁人员，但制度和管理监督有跟进，卫生情况时好时坏。

· 社区服务不够完善：社区服务这一方面，涉及内容单一，只对现状的一些设施进行修整。但居民事实上对社区服务是非常需要的，不仅仅局限在小商店，还有日常的维修、小吃店、棋牌室、老年活动中心等等，可是在此次改造中并没有体现。

附图A-26　翠苑二区新增的垃圾中转站

附图A-27　翠苑二区的老年之家

松木场河东8幢2单元的一位住户反应，该单元3楼有一住户在2008-2009年内家中接连3次被盗，上报社区也没有回馈，推诿责任，住户也对社区失去了信心，唯有自己平常注意安全防范。

附图A-28　管理类改造公众看法

总的说来，社区管理建设的投入与需求之间存在着巨大的差异，尤其是在社区安全和社区服务方面，居民的满意度很低（附图A-28）。

总评：

（1）经过一年多的庭院改善工程，老旧小区的环境得到了很大的改善，环境品质有所提高。

（2）评价结果显示：景观建设的绩效最好，功能次之，管理建设最差。

（3）政府投入与居民的需求存在着较大的差异，政府投入偏重于物质景观环境的建设，疏忽于居民生活环境的社会文化、安全管理等的建设。

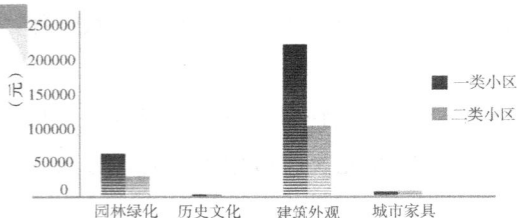

附图A-29 景观类改造项目的区位性改造力度差异对比

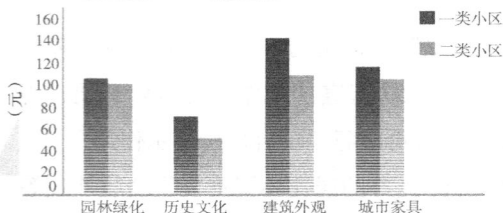

附图A-30 景观类改造项目的区位性满意度差异对比

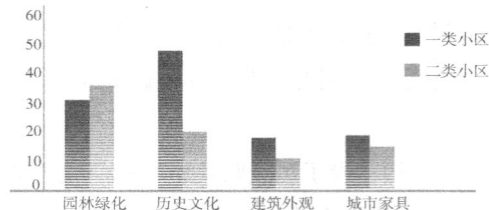

附图A-31 景观类改造项目的区位性需求度差异对比

附图A-32 信义坊园林绿化改造

附图A-33 环城西路园林绿化改造

小结:综上所述,虽然政府对两类小区的投入都比较大,也取得了一定的成效,但仍有不足,尤其在一类小区。一类小区的平均投入是二类小区的两倍,但需求度仍然很高,除园林绿化相对于二类小区较低外,其他的需求都比二类小区高(附图A-32~附图A-34)。

2.3 区位差异性特征比较分析

2.3.1 景观类改造情况的区位差异

从附图A-29中看出两类小区在园林绿化和建筑外观两方面的改造投资力度上存在着明显的差别。

园林绿化:一类小区平均幢投资(63204元)是二类小区(28685)的2.2倍。

建筑外观:一类小区平均幢投资(222228元)是二类小区(104250元)的2.18倍。

由于杭州作为旅游城市,外来游客多,而一类小区靠近景区,人流多,作为城市形象的主要展现者,政府较为重视,所以投资力度相对较大。

从附图A-30得知:两类小区的满意度相差不大,一类小区稍高于二类小区。说明政府在景观类项目的投资倾向比较符合居民的需求,二类小区虽然投资力度不如一类小区,但满意度不低,说明二类小区本身需求就没一类小区大。

从附图A-31得知:需求度方面,明显的差别反映在历史文化上,一类小区的需求(48人)远远大于二类小区(20人),因为某些客观原因,一类小区的居住人群平均收入较高,生活水平稍高,所以对于精神文化生活的需求高于二类小区的居住人群。

附图A-34 西湖景区旅游路线图

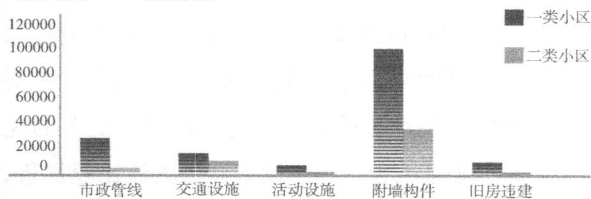

附图A-35　功能类改造项目的区位性改造力度差异
对比

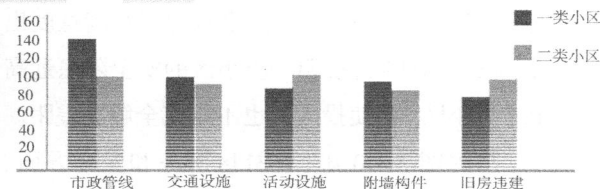

附图A-36　功能类改造项目的区位性满意度差异
对比

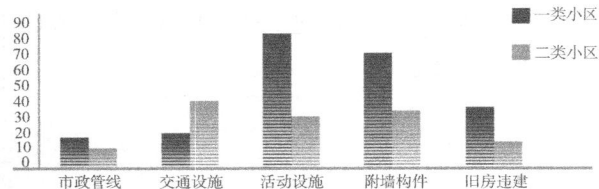

附图A-37　功能类改造项目的区位性需求度差异对比

2.3.2　功能类改造情况的区位差异

从附图A-35知：市政管线设施改造力度一类社区明显大于二类社区。因为一类社区地段好，人流来往多，故为了不影响居民的正常活动，一些水管的处理（避免产生积水）以及线路的架设位置要求比较高。

旧房违建一类社区改造力度明显大于二类社区。主要是因为：一类社区土地价值较高，注重旧房违建拆除，再将土地用作其他的功能建设。

从附图A-36知：旧房违建满意度二类社区高于一类社区，从表3-4知改造力度一类社区大于二类社区，总体趋势有异。

因为总体而言，居民对于旧房违建的拆除意愿并不大，虽然客观上讲，这种意愿并不符合城市整体形象以及长远利益的要求，但这是居民表现出来的主观意愿。一类小区因为客观需要政府强制性拆除，造成居民的不满，而二类小区居民不作强制要求。

从附图A-37知：二类小区道路改造的需求大于一类小区，因为多数区位较差的小区在改造中在路面整平措施做的不多，有些只是进行简单整理，并不能彻底改善路面积水问题，故需求度仍很大。

小结：一类社区活动设施的投资力度大于二类社区，但满意度却稍低，需求度也明显高。这是因为：一类小区大多距景区较近，土地价值高，故用地规模小（附表A-10），在活动设施数量上受到空间限制，因而该设施增设的档次质量都较高，但数量较少，故居民对公共活动设施的需求大多未能得到满足。

改造小区用地空间表　　　附表 A-10

改造小区	改造幢数	改造面积
环城西路38.42.50号	6	7590m²
松木场河东	9	14500m²
德胜新村	44	129200m²
翠苑二区	25	103680m²
绍兴新村	13	44998m²

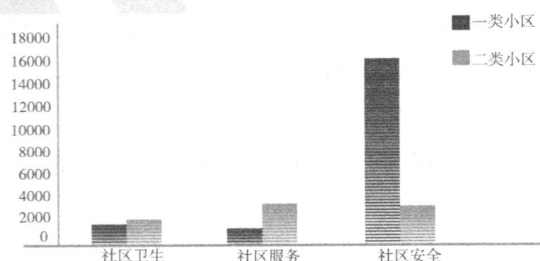

附图A-38 管理类改造项目的区位性改造力度差异对比

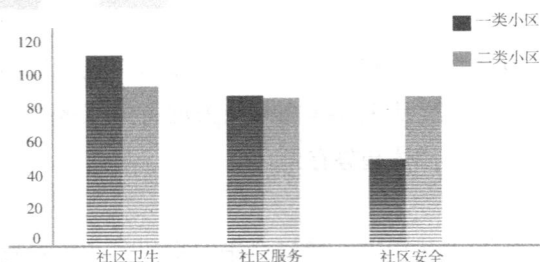

附图A-39 管理类改造项目的区位性满意度差异对比

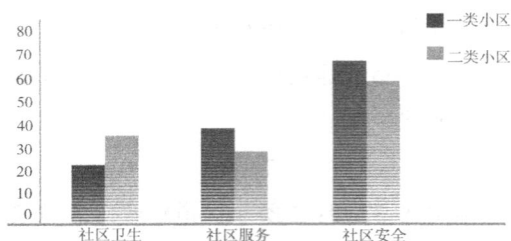

附图A-40 管理类改造项目的区位性需求度差异对比

2.3.3 管理类改造情况的区位差异

从附图A-38知：在社区安全的投资力度上，一类小区明显大于二类小区。调研得知，在安全设施的种类和质量上一类小区都占更多的优势。主要是因为一类小区来往的人流比较复杂，安全隐患较大，但值得注意的是二类小区的安全状况也不容乐观。

综合附图A-38和附图A-39知：在社区安全方面，二类小区的满意度高于一类小区，需求度却低于一类小区，结合对两类小区的投资力度，可知在社区安全方面，投资力度和满意度出现了反常的现象，说明一类小区的安全隐患远高于二类小区，即使投入大也不能完全解决差距。

从附图A-40知：在社区服务和安全方面，一类小区的需求度高于二类小区；而卫生方面相反。原因在于一类小区由于自身的优势，在卫生方面的管理工作相对做的较好。而服务和安全方面和二类一样有待提高。

小结：

一类小区在卫生方面相对已经做得较好，其他两方面需要改进；而二类小区在三方面都有待提高。

区位差异性特征比较总结：

一类小区所处区位条件，环境等方面高于二类小区，政府对一类小区的投入远高于二类小区，并重点打造其景观面貌，使其与周边环境匹配。

第3章　结论与建议

3.1　结论

总体而言,庭院改造在一定程度上改善了居民的生活环境,也提升了城市的整体形象。但是,改造的结果与作为"百姓工程"、"民生工程"的庭院改善工程预期的效果还是有一定差距的。具体表现如下:

（1）庭院改造工程的建设投入比例不合理,供给结构失衡,改造成果与居民的需求存在明显的错位现象。

具体表现在:景观类项目的改造力度远大于基础功能和社区管理项目,尤其社区管理类项目改造力度过小。对于居民生活所需的最基础的设施关注不够。在公共活动设施、社区安全、社区服务、社区卫生,尤其是历史文化这样的深层精神文化等方面,都远远不能满足居民对于舒适宜人的居住环境的需求。

（2）景观类工程的改造力度在区位性差异上表现的最为突出。总体而言,两类小区在供给结构分布上的总体趋势一致,都是偏向于景观类,而在基础功能及社区管理方面较弱。但是,各类工程改造情况在区位差异上表现的都比较明显,而尤其在景观类工程上差异最为突出,区位较好的社区在外观环境上的改造已经基本到位、比较完善,而区位较差的社区就只是差强人意。这说明区位较好的社区居民对于居住环境的需求逐渐从生活功能性的硬环境转向完善的社区管制和服务等软环境,从对物质层面居住环境的需求转向对精神层面环境的追求。

（3）庭院改造工程的改造力度受现状社区的规模和空间的限制较大。大多数老旧小区建于城市高速发展初期,开发规模小,改造过程中增加、完善设施的数量有限,未能完全满足居民的需求,大大降低了总体的改造效果

3.2　建议

（1）完善与健全庭院改善的公共参与机制,提高对居民需求的反馈的准确性,根据不同区位社区居民的具体需求建立庭院改造的标准和侧重的内容,使居民成为庭院改造的主体和真正地受益者。充分尊重社区居民的意愿,积极动员更多的居民参与庭院改造工程的设计方案的选择与决策、施工中的监督和验收及意见反馈,形成政府和公众共同参与和指导城市建设的模式,确保庭院改造工程的实施能够真正地以公众的意愿为出发点,达到资源优化配置的目的（附图 A-41）。

调研感言:

四个多月的调研过程,奔走在杭州的各个角落,虽然,我们发现这个工程存在很多问题:小区的安全仍存在隐患;庭院改造的设施质量不过关;事后出现问题反馈,总是推诿责任,没有有效处理等。

但也发现总体居民对政府庭院改善工程是持肯定的态度的,他们的生活环境得到了确实的改善,道路平整了、立面美观了、绿化有序了……

通过调研,我们感觉颇深,这是"百姓工程",但由于上下管理脱节,考虑不全面等原因,没有得到很好的效果。我们希望通过这次调研,能对下次的庭院改造有所启示,使杭州真正成为生活品质之城。

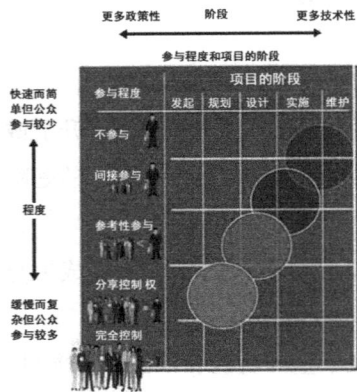

图1 公众参与的阶段、程度和效果

图中红色表示公众参与的效果较好；👤 表示政府代表及相关专业技术和从业人员，👥 表示社区公众。

资料来源：作者Goethert加工。

**附图A-41 公众参与的阶段、程
度和效果**

（2）政府在今后应整体加大对社区管理类工程的改造力度，继续加强二类小区基础功能类项目的改造力度，提升其景观形象改造的品质，一类小区的庭院改造应逐步深入到满足居民对历史文化等精神方面的需求。

（3）加强庭院改造工程各项工作的组织和管理体系，提高施工效率。建立居民与政府部门共同构成的监督管理组织，严格执行后期验收工作。统一建设标准，避免因不同单位施工造成的不公平现象。

（4）对于一些由现状局限造成的改造内容欠缺的社区，应结合利用周边城市的公共设施的以满足居民的需求，同时适当的开放社区内的可服务于城市的设施，使封闭的社区与城市融为一体，创造丰富多彩的社区生活。

参考文献：

[1] 陈浮，陈海燕，朱振华，彭补拙.城市人居环境与满意度评价研究 [J].人文地理，2000（8）：15-4.

[2] 余兰.从公共政策角度分析城市规划绩效 [J].山西建筑，2006(12)：30-23.

[3] 欧阳鹏.公共政策视角下城市规划评估模式与方法初探 [J].城市规划，2008（12）.

[4] http://www.hangzhou.com.cn/tygs/index.htm（杭州网——民主促民生庭院改善工程）

[5] http://www.hzscgb.gov.cn/index.jsp（杭州市人民政府城市管理办公室）

附录B　城市客厅里的故事

——杭州广场活力社会调研（二等奖）

【摘要】城市广场作为城市的公共客厅，在展示城市文化与特色，改善城市环境，提供活动场所等方面起到了重要作用。然而目前，为显示政绩或以美观为设计理念规划建设的广场，使更多的城市广场成为观赏之物，而非活动之所，缺乏公共空间的社会学内涵。因此，如何提高城市广场活力，使其成为真正的城市交往空间具有重要的现实意义。

本文运用环境行为学、场所理论等建筑学相关理论作为研究的基础，从居民的使用情况出发，通过实地考察，问卷调查等方式，选取杭州若干典型的城市广场进行活力评价与分析，从物质与文化、主观和客观相结合的双视角，深入解析广场使用人群的活动特征和与城市广场活力相关的要素，总结四个广场其成功和不成功的原因。从中探索人们对城市广场空间的细微而真实的需求，并在此基础上提出了相应的对策建议。

【关键词】广场　广场活力　空间　文化

作者：黄赛君，吴哲炜，陈卓锐，裴帅帅；指导老师：吴一洲，武前波，陈前虎；获奖时间：2012年

中国与欧洲部分
广场规模的比较　附表 B-1

中国城市广场		欧洲城市广场	
名称	规模（hm²）	名称	规模（hm²）
北京天安门广场	43.0	威尼斯圣马可广场	1.7
北京西单文化广场	4.40	罗马圣彼得广场	3.36
上海人民广场	16.6	巴黎旺多姆广场	1.76
上海浦东新区世纪广场	7.23	罗马市政广场	0.4
长春文化广场	21.25	锡耶纳坎坡广场	1.2
重庆人民广场	3.80	巴黎协和广场	1.42
广场平均面积	16.0	广场平均面积	1.64

附图B-1　武林广场——杭州20世纪初90年代仅有的2个广场的其中一个

附图B-2　调研广场分布图

第1章　绪论

1.1　调查背景

1.1.1　城市广场作为公共空间的作用越来越重要

随着经济水平的提升，人们对于生活品质的要求不断提高，其公共生活也越发的活跃。城市广场作为城市公共空间的一个重要类型，在展示城市文化与特色、改善城市环境、为城市居民休闲、社交活动提供场所等方面起到了重要作用。

1.1.2　城市广场的规划设计与人的需求错位

目前，部分城市广场的建设品质欠缺，出现了如尺度过大（附表 B-1）、功能单一、缺少较好的围合感、空间无亲切感与活力、缺少与城市文化结合等问题，所建广场"千场一面"。城市广场成为观赏之物，而非活动之所，无人问津的情况比比皆是。

1.1.3　杭州广场的情况不容乐观

到 20 世纪 90 代初，杭州广场数量屈指可数，只有武林广场（附图 B-1）和少年宫广场，总面积仅 6.72hm²。自 1999 年至今，杭州新建了一系列城市广场，虽然在"量"的方面有所改善，但是在整体上缺少系统性，且分布不均。现有广场分布主要聚集在主城区的湖滨及武林广场地区。同时，"质"的方面是否满足了人们的需求，还有待考量。

1.2　调查目的

本文旨在通过调研深入了解杭州广场的建设和使用情况，并通过对广场活力的评价和使用状况分析，解析广场使用人群的活动特征和影响活力的相关要素，从而为提高城市广场的活力，人性化的空间设计提供建议。

1.3　概念解析

城市广场活力是指城市广场空间范围内人与场所相互作用，而产生的集中而频繁交流的能力。这种能力能够促使场所中产生更多的行为活动，满足人的多样化行为需求，从而使城市广场得到较高的使用效率。

1.4　调研对象

本次调研的广场主要指以硬质铺地为主，可为城市居民提供各种活动设施，以促进居民社会交流，而非以通过性功能为主的城市公共空间。以杭州主城区为范围，筛选出杭州四个典型广场作为调研对象（附图 B-2）分别为：吴山广场、西湖文化广场、运河广场、西城广场。（杭州代表性广场——武林广场，因地铁建设影响使用情况不纳入调研对象）

对象选择的依据：

（1）一是与市民的生活较密切，人的活动较丰富，便于数据统计整理；

（2）二是均为杭州典型广场，研究的问题就具有一定的普遍性；

（3）三是各自具有不同的条件和特点，属于不同的类型，所以又分别具有一定的代表性。

本次调研主要采用实地观察、问卷调查、访谈记录、场地测绘、资料搜集等多种方法，力求获得准确详实的资料。针对过程中出现的问题，通过不断修正，调整研究方向。具体的调研过程和内容见调研流程图（附图 B-3）和调研内容框架图（附图 B-4）。

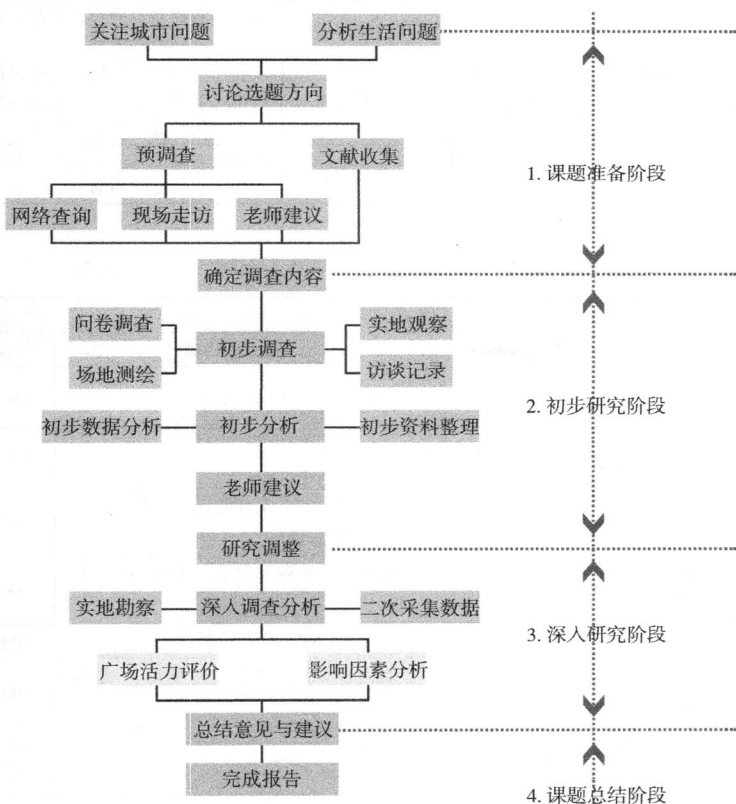

附图B-3　调研流程图

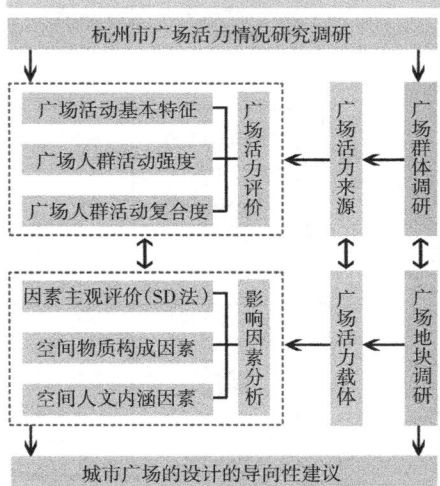

附图B-4　调研内容框架图

第2章　调查与分析

2.1　调查过程

调研时间：考虑到周末与工作日之间和一天各个时间段广场使用情况存在的差异，调研选取活动人数较多的周末的早（7:00~9:00）、中（12:00~14:00）、晚（19:00~21:00）三个时段进行调查。

观察内容：进行实地观察，记录广场活动类型和人数。因广场人数是不恒定的，记录的数据为估算值。

问卷调查：每个广场每个时间段发放20份问卷。

访谈记录：每个广场随机选取访谈对象，记录访谈内容。

场地测绘：结合地图，确定广场范围，绘制广场地图。

2.2　广场活力评价

人是广场空间活力的形成过程中的主体，人的活动是创造活力的最直接来源。要准确反映广场的活力就一定要以人的活动为评价标准。

杨·盖尔在《交往与空间》中将公共空间中的户外活动分为三种类型：必要性活动，自发性活动和社会性活动（附表B-2）。据他的分析，我们将广场各时间段的活动进行分类和统计（附表B-3）。

活动分类定义　　附表B-2

活动分类	定义
必要性活动	指那些人们在不同程度上都要参与的活动
自发性活动	在时间、地点、气候等条件可能的情况下发生的，在人们自愿参与的情况下发生的活动
社会性活动	在公共空间中有赖于他人参与的各种活动

广场实地观察记录表　　　　　　　　　　　　附表B-3

	时间段	总人数	必要性活动	自发性活动	社会性活动	人数
吴山广场	7:00~9:00	300	经过	散步、遛狗、晨练、休息、羽毛球、空竹	跳舞（交际舞和广场舞）	180
	12:00~14:00	600	经过	休息、散步、打牌、个人轮滑、聚餐、看书、放风筝	玩游乐设施	360
	19:00~21:00	400	经过	休息、散步、羽毛球、遛鸟、放风筝	玩游乐设施、集体轮滑、跳舞（广场舞）、散步锻炼	300
运河广场	7:00~9:00	150	经过	散步、休息、风筝、看书、空竹、遛狗、跳绳、羽毛球、排球	跳舞（广场舞）、练武（太极、棍、刀、剑等）	100
	12:00~14:00	250	经过	散步、休息、风筝	玩游乐设施、集体轮滑、	100
	19:00~21:00	400	经过	散步、休息、羽毛球、空竹、跳绳	玩游乐设施、跳舞（广场舞）、集体轮滑	300
西城广场	7:00~9:00	50	经过	散步、休息、聚会	太极	10
	12:00~14:00	150	经过	休息、放风筝、	集体轮滑	30
	19:00~21:00	450	经过	放风筝、休息	集体轮滑、跳舞（广场舞）、乐队演唱、夜市	400
西湖文化广场	7:00~9:00	180	经过	散步、跑步、小朋友玩耍、遛狗、个人轮滑	练武（太极、棍、剑等）	150
	12:00~14:00	60	经过	小朋友玩耍	极限自行车运动、	10
	19:00~21:00	500	经过	散步	跳舞（广场舞）、漂移板、散步锻炼	400

2.2.1 活动体现广场活力的因子选择

"一个受市民喜爱的城市广场会引发众多市民的长时间的逗留，而市民对一个城市公共空间的喜爱程度则反映在由这个空间所引发的、并由它提供了行为支撑的活动的强度和复合度上"（《城市广场》）。因此，本文从活动的强度和复合度两个指标来进行广场活力的分析。

1. 活动的强度

人的活动强度可以从活动参与者的数量以及活动的持续时间中体现。因参与者的数量与广场的面积存在一定的关系，故本调研采用广场人群密度作为指标之一。

活动的持续时间越长反映出活动的强度越大。因活动的时间是一个不定的因素，很难进行量化。所以本次调研采用的是问卷数据超过1小时停留时间的人数比率来作为停留时间的量化值（附表B-4）。

2. 活动的复合度

活动的复合度反映着广场对于市民不同活动方式的支持程度，也反映了一个城市广场对城市公共生活的贡献。活动的复合度可以从不同活动种类的数量中得到体现。在活动类型分类中，社会性活动较其他两类活动而言，对活力的贡献度最高。故本调研采用活动类型数量和社会性活动参与人数比率来体现活动复合度。

2.2.2 广场活力评价体系

根据人们定性区分事物的能力，一般划分3~5个等级，即可满足判断需要。广场活力评价集可定为 $V=\{1,2,3,4\}=\{$很高，高，低，很低$\}$四个等级。

权重的确定采用常用的层次分析法求得（附表B-4），在多次广场使用人群咨询的基础上确定判断矩阵（附表B-5）。判断矩阵及权重结果见附表B-6。

即：$B=0.487 \times R_1+0.303 \times R_2+0.140 \times R_3+0.070 \times R_4$

由上所述得出各个广场得分（附表B-7）。

广场活力评价标准　附表 B-4

		等级			
		1	2	3	4
U_1	人数密度（人/hm²）	>300	200~300	100~200	<100
U_2	超过1小时停留时间的人数比率	>80	60~80	40~60	<40
U_3	社会性活动人数比例	>80	60~80	40~60	<40
U_4	活动类型的数量	>15	10~15	5~10	<5

标度及其含义　附表 B-5

标度	含义
1	因素 u_i 和 u_j 同等重要
3	因素 u_i 和 u_j 稍微重要
5	因素 u_i 和 u_j 明显重要
7	因素 u_i 和 u_j 强烈重要
9	因素 u_i 和 u_j 极端重要
2，4，6，8	两两相邻判断的中间值
倒数	因素 u_j 和 u_i 比较值

评价因素的判断矩阵及权值　附表 B-6

因数	u_1	u_2	u_3	u_4	W_i
u_1	1	2	4	5	0.487
u_2	1/2	1	3	4	0.303
u_3	1/4	1/3	1	3	0.140
u_4	1/5	1/4	1/3	1	0.070

表中数字含义可由附表B-5标度描述。

广场指标得分和总得分　　　附表 B-7

	吴山广场	西湖文化广场	运河广场	西城广场
广场人数平均密度（人/hm²）	309.5	94.4	266.6	120.4
得分 R_1	4	1	3	2
停留时间超过1H的人数比率(%)	67.7	59.5	75.0	49.2
得分 R_2	3	2	3	2
社会性活动人数比例(%)	64.6	75.7	62.5	67.7
得分 R_3	2	3	2	2
三个时间段的活动类型的总数	18	12	16	10
得分 R_4	4	3	4	2
总得分 B	3.369	1.648	2.882	2

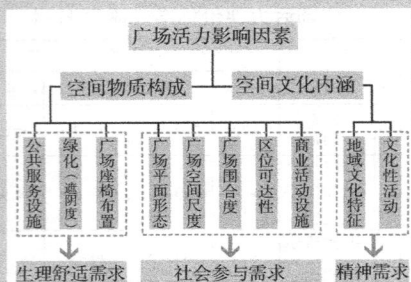

附图B-5　广场活力影响因素

SD 法形容词对　　　附表 B-8

中性因子	形容词对
公共服务设施	完善的—缺乏的
绿化（遮阴度）	阴凉的—暴晒的
座椅布置	合理的—不合理的
区位可达性	易达的—不易达的
广场平面形态	舒适的—不舒适的
广场空间尺度	适宜的—不适宜的
广场围合	开敞的—封闭的
商业活动设施	齐全的—欠缺的
地域文化特点	风格突出的—毫无特色的
文化性活动	活动丰富的—活动缺乏的
热闹度	热闹的—冷清的

综上可知：广场的活力值排序为：

吴山广场 > 运河广场 > 西城广场 > 西湖文化广场

2.3　活力影响因素分析

人的活动是活力的直接来源，但是活力产生的条件是首先要有能给人提供满足交往活动条件的空间场所。故而要探究活力的产生就要研究广场的空间构成要素。本次调研从广场的空间的空间物质构成和空间文化内涵两部分进行分析。

本文从使用者的行为心理需求角度对广场空间要素进行筛选。人的行为心理需求在城市广场中的认知与行为活动过程中具体表现为：生理舒适需求、社会参与需求以及精神需求。具体因素选择如附图 B-5 所示。

2.3.1　活力影响因素的主观感受分析

为了反映广场各因素的主观感受，本次调研运用 SD 法[1]让使用者通过主观感受对各因素进行评价。

1. 评价因子

SD 法的评价因子为多组形容词对，每组形容词对由两个意思相反的词组成，一个表达正面含义，一个表达负面含义。本次调研根据选取的重要因素，匹配相应的 11 组形容词作为评价因子（附表 B-8）

2. 评价尺度

本次调研共设了 7 个评价尺度，分别为很好、好、较好、一般、较差、差、很差，对应的分值为 3、2、1、0、-1、-2、-3。

3. 评价结果

根据附图 B-6，四个广场总体差异较大，吴山广场、运河广场热闹度明显高于西湖文化广场、西城广场。在广场的各因素中，西城广场除个别外，相较于其他三个都是比较低的；吴山广场在四个广场中，热闹度是最高的，因素的平均分值也是较高的，这与活力评价的结果一致。在以下分析中将特别注意各广场处于负分的因素。

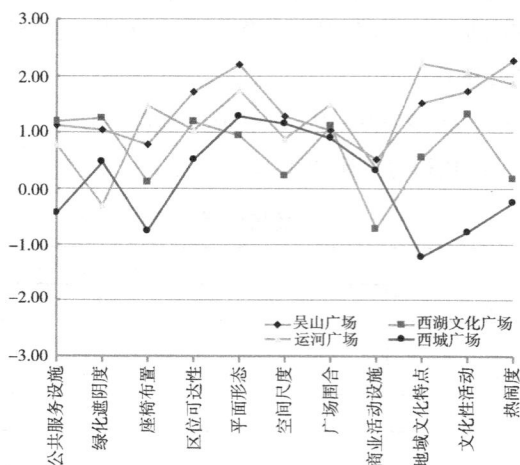

附图B-6　各广场
SD评价折线图

① SD法，又名语义分析法，源自 G.A.Kelly 于 1955 年创立的数据格栅法。SD法由 Charles E. Osgood 于 1957 年在其出版的《意味之测定》一书中提出，它是一种心理测定方法，通过言语尺度进行心理感受的测定。该方法通过对各既定尺度的分析，定量地描述研究对象的概念和构造。由于具有较强的适用性，该方法已被广泛使用于各种领域。

2.3.2 活力影响因素的客观分析

1.活力影响因素一：满足生理需求

广场要吸引人的活动，首先要能满足人的生理需求。这就要求广场空间中配备完善的公共服务设施，适宜的座椅布置和良好的绿化提供遮阴。是否能满足生理需求直接影响着居民对广场的利用度和认可度，也就直接影响广场活力。

（1）基于SD法的数据（附图B-7），可以明显看出西城广场在各公共设施上评价都不高，其中两个为负分。广场无法满足人的生理需求，可想而知其活力处于末尾的现状了。

（2）运河广场的绿化遮阴度较低，中心水景景观让其绿化只能屈于广场边围，不在人的活动区域，故而评价很低。

（3）广场座椅的布置一般可结合绿化景观在合适的地方发挥遮阴的效果，吴山广场的这方面就设计的很突出(附图B-8)。

2.活力影响因素二：满足社会参与需求

1）区位可达性

广场要满足社会参与需求，区位可达性是前提条件。同时周边的环境的不同直接导致了广场使用人群的不同（附表B-9）。

（1）在SD法的数据中，西城广场的区位可达性得分居于末尾，这是其在城中区位的分布直接导致的。由时间成本图表也可看出人们来西城广场的时间大于1小时占了33.33%，较其余广场高很多。

（2）广场周边环境也会吸引不同的广场使用人群。从附图B-9可以看出各广场因周边都带来了一定的使用人群。吴山广场更是因周边河坊街的高知名度吸引了使用人群的数量占了25%左右。这自然对广场的使用和活动强度起着强烈的正相关。

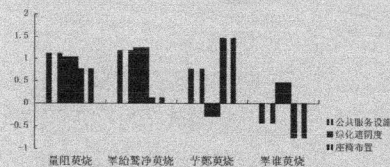

附图B-7　满足生理需求因素的SD得分

附图B-8　吴山广场座椅

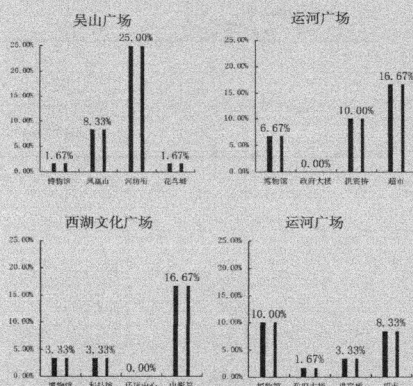

附图B-9　广场周边环境带来的人群比例

广场区位因素记录表　　　附表B-9

	吴山广场	西湖文化广场	运河广场	西城广场
广场区位图				
区位	城市中心区	城市中心区	城市北部	城市西部
时间成本				
周边	博物馆 凤凰山 花鸟城 河坊街	环球中心 科技馆 博物馆 电影院	博物馆 政府大楼 拱宸桥 超市	商场 超市 KTV 电影院

2）广场形态

广场平面形态与空间处于一种直接对应的关系（附表B–10），对空间活力起着一定的引导作用。

平面形式：特定的平面形式会引导出不同的活动。

（1）人的需求趋向多元化，对广场形态的要求自然会趋于复合和自由。除西城广场为矩形以外，其他广场都为复合形式，以满足人群的对不同活动的参与需求。

（2）三个广场都可局部分解出圆形。在多种形态中圆形具有鲜明的向

心性，最适宜于人的聚集以及展示。根据晚上时间段的数据，统计各广场区块中的活动种类，从中可明显看出圆形的区块中产生的活动种类较其他有明显的优势（附表B–11）。

（3）比较各形态中的活动，不难发现活动的特点也不同。比如圆形的广场，容易产生围绕圆心的活动，活动更偏向于流动的，如集体绕圆心散步、轮滑等，这种现象我们在吴山广场和西湖文化广场都有观察到（附图B–10、附图B–11）。相比于圆形，方的广场更适合群体性活动，活动范围局限在一定空间，如集体的广场舞、玩游乐设施等。

形态与空间效果的关系 附表B–10

	正方形	圆形	三角形	矩形	梯形
形态					
空间效果	向心性 轴向性	向心性 轴向性	向心性 轴向性	轴向性	轴向性

广场形态 附表B–11

	吴山广场			运河广场		西城广场	西湖文化广场	
	复合 分解为圆+梯形+矩形			复合 以圆为主		矩形	复合，以圆为主	
广场形态								
活动种类	3	5	6	2	6	2	6	3	1
主要活动	散步	玩游乐设施、广场舞	集体轮滑、交际舞、散步	经过	广场舞、轮滑	轮滑	烧烤、广场舞	散步、广场舞	休息
备注	数据为19：00–21：00的记录，下同					图中点状的疏密表示人群分布的密集程度，下同			

3）广场空间尺度

广场空间尺度直接影响到人的心理感受，进而影响到人在广场空间上活动时间的长短。因此，良好的空间尺度能够提升广场空间活力。

本次调研对广场面积、广场高宽比（D/H）及视角作为广场空间尺度的子因素进行分析。

面积：面积过大的广场需要进行空间的二次划分

附图B–10 吴山广场晚间散步

附图B–11 西湖文化广场晚间散步

同济大学建筑系教授蔡永洁在其著作《城市广场》一书中提出:"普遍感知经验证明,100米以上的距离对边围的把握已不再强烈。按照这一准则,超过一公顷的广场已开始变得不亲切,2公顷以上的广场便显得过分宏大。"

(1)照上述所言,除去西湖文化广场,其他均在合理范围之内(附表 B-12)。西湖文化广场运用的绿化对广场空间应该进行二次划分。一定程度减少了尺度过大产生的空旷感受。

(2)吴山广场在合理面积内也结合山势利用高差力求创造更具特色的空间。

高宽比和视角:高宽比的不同会引导人们的视觉中心的改变。

从附表 B-13 可知,广场边围高度与基面宽度的比例关系 1:3(18°)左右的是比较理想的。

(3)从广场视角分布(附表 B-14)可知,西湖文化广场没有理想观察视角 9°~27° 的范围,整体视角偏大。从建筑高度看,环球中心以其 170m 的高度自然成为人们的视觉中心,同时视角大,更容易创造纪念性的空间感受,这与它作为标志性建筑物的设计意图相同。

(4)从活动从人数与活动类型来看,视角 9°~27° 的空间占据了主要部分的人数和活动类型,这直接影响着活动的强度和复合度。

(5)在此次调研的广场中,吴山广场其观察视角在 9° 和 27° 的空间面积所占比例最高,并且其所体现的广场活力值相对于其他三个广场而言也是最高。在今后的广场设计中在创造 9° 和 27° 的空间是创造广场活力的重要条件之一。

4)广场围合

针对人的需求和心理行为了解:这是人们行为的依靠性表征。因为这种场所能够提供足够的安全感,并促发各种社会性活动的产生。

广场面积 附表 B-12

	吴山广场	运河广场	西城广场	西湖文化广场
面积(hm²)	1.4	1.3	1.8	3.8

广场边围比例、视角及空间感受(以正方形空间为例) 附表 B-13

D/H	视角	空间感受
1:1	45°	观察者只能看到广场边围的一部分,他会趋向于观察广场边围的细节,空间的视觉感受更像一个建筑的前广场
1:2	27°	观察者看到整个边围的高度,整个边围成为视觉的整体,空间显得非常封闭
1:3	18°	观察者看到整个边围且还收进一部分天空,单个的建筑物以及各种细节融进边围变成整体,广场显得不再完全封闭,观察广场非常理想
1:6	9°	观察者看到的天空与广场边围正好颠倒过来,边围的作用主要通过其轮廓,广场显得非常开放。如果视距继续加大,广场空间的围合印象将逐步消失

附图 B-12 西湖文化广场的晨练分布在建筑附近

广场高宽比和视角 附表 B-14

广场名称	吴山广场	运河广场	西湖文化广场	西城广场
广场视角分布				
9°~27° 空间面积占总面积的比例	80%	42%	0	48%
9°~27° 空间活动种类占总活动种类的比例	100%	80%	0	90%
9°~27° 空间人数占总人数的比例	82%	54%	0	49%
备注	45°~90° 27°~45° 18°~27° 09°~18° 00°~09°			

　　根据各广场晚上人群分布绘制空间分布图。从图中也可明显看出，人群主要集中在被建筑或者山体围和的一面。在调研过程中发现各个时间段：聚集的人群或是独自休息的个人其停留的首选地多是围合的建筑附近，并尽可能与人流路线分离（附图 B-12）。故运用建筑或绿化等设计方法创造良好的围合空间是广引导广场人群的分布的重要手段，是引发广场活力重要条件（附表 B-15）。

广场围合　　　　　　　　　　　　　　　　　　　附表 B-15

	吴山广场	运河广场	西城广场	西湖文化广场
广场人群分布				

5）商业活动设施

　　纵观四个广场，多多少少都布置有商业活动设施，吴山广场的儿童游乐设施；运河广场的地下超市；西城广场的烧烤摊；西湖文化广场的地下博库书城。

　　（1）通过这些商业设施的活力比较，不难发现一个现象：商业活动设施的布置直接影响了广场活力。

　　（2）就西城广场而言，从三个时段的人数统计我们可以看出，早上的西城广场活动人数仅有 50 人，而晚上的活动人数达到了400 人（附图 B-13）。究其原因，笔者认为夜市的存在具有明显的影响作用。

　　（3）相似的还有吴山广场，早上人数是 300 人左右，中午因儿童游乐设施的营业人数达到了 600 人，而且在这 600 人中，超过一半的人是大人带着小孩玩游乐设施（附图 B-14）。

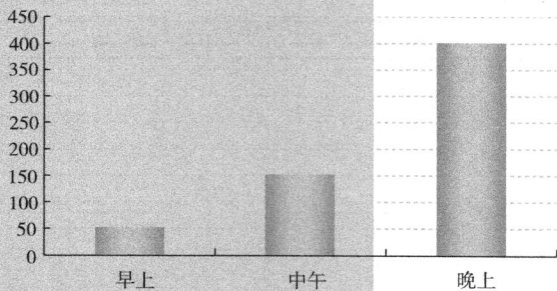

附图B-13　西城广场的各时间段人数

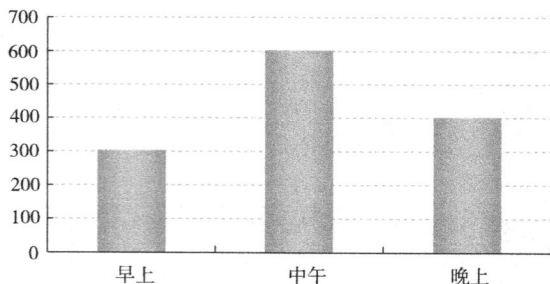

附图B-14　吴山广场的各时间段人数

3. 活力影响因素三：满足精神需求

1）地域文化特征

广场文化是城市的记忆之一，它能够唤起公众的集体记忆，在精神上产生共鸣，使广场空间成为城市历史与广大市民之间的纽带，唤起人们对城市的情感。

运河广场的运河元宵灯会，吴山广场的吴山庙会，西湖文化广场的运河浮雕，古塔建筑形式，都成为了人们对于广场认知的最初印象，并吸引人们的集聚（附表 B-16）。

广场自身文化　　　　　　　　　　　　　　　　　　　　　　　　　附表 B-16

广场	西湖文化广场	西城广场	运河广场	吴山广场
建成历史	2007 年至今	2005 年至今	2006 年至今	1999 年至今
广场雕塑				
	铺地浮雕	花神雕塑	陆地行舟图	吴山天凤雕刻
特殊活动	无	无	吴山庙会 	元宵灯会

2）行为文化

广场被各色各样的人所诠释着，他们把广场作为一个锻炼场所，交友平台或者一个休息点。相同志趣的人在广场集聚、活动，形成广场新的行为文化类别。

（1）不同的广场形成了各自新的文化类别，有些形成了富有特色的商业文化比如吴山广场儿童游乐设施的嬉戏；西城广场夜市的喧闹。有些形成了富有特色的武术文化比如运河广场的"刀光剑影"，西湖文化广场的"太极圆转"（附表 B-17）。

（2）人们对于广场的归属感与认同感取决于人们在广场上能进行的活动。本次调研中我们发现所有的广场都有大规模人群参与"广场舞"这项活动。这项很具有活力的广场活动已成为具有普遍意义的广场文化之一。反过来，这些文化活动作为广场上的特色活动而吸引更多的人来此。

人群活动的行为文化 附表 B-17

广场	文化活动	活动发生时间段	活动照片	
西湖文化广场	广场舞	晚		
	太极	早		
西城广场	广场舞	晚		
	夜市	晚		
运河广场	广场舞	早晚		
	舞剑	早		
吴山广场	广场舞	早晚		
	儿童游乐设施	午		

2.4 活力评价与影响因素总结（附表B-18）

附表 B-18

活力影响因素	广场名称	吴山广场	运河广场	西湖文化广场	西城广场
满足生理需求	公共服务设施	■设施齐全	■设施较齐全	■设施齐全	□卫生设施不齐全
	绿化（遮阴度）	■遮阴效果较好	□遮阴较差，只在广场边围区域	■遮阴效果较好，但是遮阴区域过于集中	□遮阴效果一般，分布在广场一侧
	座椅布置	■座椅类型多，并且结合绿化遮阴区域设置	■座椅主要为中心水景的石质边缘，由亭子等休息处	□座椅主要为花坛草坪石质边缘，无独立座椅	□座椅主要为花坛草坪石质边缘，且较少
满足社会参与需求	区位可达性	■高	■高	■较高	□较低
	广场平面形态	●复合：分解为圆+梯形+矩形，形态丰富满足活动多样性的需求	●复合：以圆为主，但是中心的通过性的交通设计，减弱了圆的集聚作用	○复合：以圆为主，但是面积过大，只比较吸引流动性活动	○矩形，形态单一
	广场空间尺度	■●面积适中 高 宽比适宜	■○面积适中 高 宽比适宜	□○面积过大 周边建筑偏高	□○面积适中周边建筑过低
	广场围合	■●山体围合，围合度高	■●两面围合，形成广场中间的隐形交通性通道，干扰活动	□○建筑和运河的围合，人口少且分隔较远，人流进出不便	□○一面围合，广场空间显得空旷
	商业活动设施	■游乐设施带来较大人流	□超市带来了的人流，但是多是通过性的	□书城带来了的人流，但是多是通过性的，且不通过广场主要区域	■商场人流都是通过性，夜市和烧烤带来较大人流，但只局限在晚上
满足精神需求	地域文化特点	■特色明显历史悠久	■特色明显历史悠久	■特色较明显文化人为赋予	□特色不明显
	文化性活动	■●广场舞和游乐设施	■●广场舞和武术	■●广场舞和武术	■○广场舞和夜市
活力相关性：活动强度（■强相关□弱相关）活动复合度（●强相关○弱相关）					

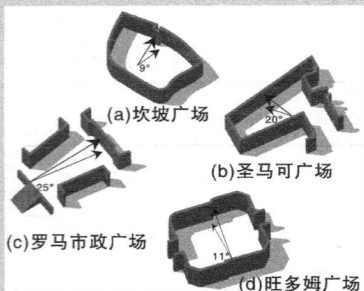

附图B-15　欧洲广场的竖向视角

附图B-16　吴山广场参与游乐
设施的人群

附图B-17　运河广场某位老人
用水练毛笔字

第3章　总结与建议

根据前面章节对影响广场活力的各项物质与文化因素分析，总结出营造广场空间活力的营造重点。

3.1　创造亲切宜人的空间尺度

城市广场的空间尺度，形态应与周边环境相协调。广场的高宽比与面积等空间要素应控制在合理范围才能形成良好的空间感受。例如欧洲中世纪，广场空间围合形式和空间尺度极为相似（附图B-15），它们界定出来的城市广场为城市提供了特殊一种的城市脉络，形成富有活力的城市公共空间。较大尺度的广场应通过高差的二次分隔，形成有层次的小尺度空间来实现广场的空间分隔。线型空间与面型空间相互结合引导人群的多样活动。

3.2　满足人的多样化行为需求

广场形态应趋于复合和自由，以满足各种活动对场地的需求。在广场设计中应以人性化的角度看待广场空间的利用。城市广场作为城市广场舞的活动场地已形成多年，但是广场设计管理中除提供空旷的活动场地外再无其他贡献。在设计将广场地下闲置的空间作为舞蹈设备用房等方法来满足人的多样性的需求。

3.3　植入参与式活动元素

人与广场环境的互动要通过相应的设施作为物质手段才能得以实现。商业设施的带动作用是巨大的。在吴山广场的调研中发现设置动态的小船、可参与性的娱乐设施，使人带着一种游戏的情绪参与到广场环境中来（附图B-16）。在参与活动的过程中，与共同参与其中的使用者形成互动关系，从而促成人与人之间的交往，这种气氛又很容易感染周围的观看者，使他们也能够融入到活动中去，从而提升广场空间的活力。

3.4　挖掘地域与文化特色

1.结合当地自然条件突出广场个性

不同广场的自然条件各有差异，这正是城市广场空间设计中应该充分考虑并有效利用的重要因素。如吴山广场依山而建，充分利用地势特点，运用台阶、坡道等方式顺势而建，创造了多变的城市广场空间。运河广场利用水体营造景观效果，充分满足人亲水性的需求，同时对提升广场空间活力有正效作用。

2.充分挖掘历史文化底蕴，使市民产生场所认同感与归属感

城市历史文化是广场设计的内涵源泉。历史文化通过叙事的方式融入到广场设计中，使人们在广场活动时，自然地体会到当地文化的精髓。在西湖文化广场和运河广场中，人们总是对其中富有历史文化寓意的雕塑作品和景观营造津津乐道。同时历史文化浓厚的广场氛围又能引发特色的文化性活动（附图B-17）。

参考文献：

[1] 蔡永洁 . 城市广场 [M]. 南京：东南大学出版社，2006.

[2] [丹] 杨·盖尔 . 交往与空间 [M]. 何人可译 . 北京：中国建筑工业出版社，1992.

[3] 臧慧 . 城市广场空间活力构成要素及设计策略研究 [D]. 大连：大连理工大学，2010.

[4] 刘在龙 . 城市空间与市民生活——上海八个街道广场现状调研 [D]. 上海：同济大学，2005.

[5] 陈帅 . 城市休闲广场行为活力研究 [D]. 长沙：中南大学 ,2009.

[6] 邵素丽 . 西安休闲性城市广场空间使用后评价 (POE) 研究 [D]. 西安：西安建筑科技大学，2011.

[7] 苟爱萍，王江波 . 基于 SD 法的街道空间活力评价研究 [J]. 规划师，2011（10）：102–106.

附录C "新业态 老社区"

——大型超市入驻对杭州市传统住区商业的影响调查（三等奖）

作者：蒋迪刚，陆芝骅，徐立夫，吴诗雨；指导老师：武前波，吴一洲、陈前虎；获奖时间：2012 年

【摘要】基于新业态"沃尔玛"大型超市入驻的视角，以杭州主城区北部胜利苑住区为调查对象，深入剖析了大型超市对居民消费方式、传统商业业态、商业空间结构以及传统邻里关系的影响，揭示出当地居民、商业经营者、社区管理者三方利益群体的不同需求，并对比了邻近新型社区商业特征的优缺点，从而提出新业态变革下传统社区商业更新的发展模式，以及相应的经营与管理策略建议。

【关键词】商业新业态 传统住区商业 更新

Abstract: Based on the perspective of the new format "Wal-Mart" large supermarket settled , take the victory community in the north of the main city of Hangzhou as the object , analysis in-depth the impact of large supermarket on residents' consumption patterns , traditional commercial formats , commercial spatial structure as well as traditional neighborhood . reveals the different needs of the tripartite interest groups of local residents, commercial operators and community managers , and compared the advantages and disadvantages of the commercial characteristics to the adjacent new community, thus put forward the updated model of development of the traditional community commerce under the new format change , and the corresponding operation and management strategies recommendations .

Key Words：New Commercial Format , Traditional Community Commerce Renewal

附图C-2　调研地块区位图

第1章 绪论

1.1 调研背景及意义

1.1.1 调研背景

传统住区是以满足人们居住为首要目的，并配以能满足住户需求的商业设施以及其他公共服务设施的功能相对简单的城市片区。然而随着经济全球化和消费主义的兴起，以大型超市、shopping mall 等为代表的商业新业态，以其巨大经济推动力和独特的消费环境成为振兴老城区商业的工具之一，然而其多重功能在改变居民消费行为的同时，对传统住区商业造成了很大冲击，导致了以传统住区商业街巷空间为主的住区公共空间格局的改变，从而影响居民之间依托此类空间所形成的社会关系的稳定，由此，传统住区商业亟待更新。

杭州正处于快速城市化阶段，此类更新较为普遍（附图 C–1）。一个典型的例子便是沃尔玛入驻胜利苑住区所带来的影响，在改变当地居民消费方式的同时给住区商业的经营造成了很大冲击，也导致了住区传统商业街巷空间格局的改变，使其面临着进一步的更新。

1.1.2 调研目的

商业新业态究竟何以如此兴盛？其对人的消费行为、生活方式，住区商业的构成、空间布局，乃至住区人与人的交流存在何种影响？商业新业态变更背景下，传统住区商业的出路又何在？面对这些问题，我们选择了较为典型的沃尔玛进入传统住区带来的影响进行调研，希望通过调研初步实现以下目的：

①通过商业新业态对传统住区商业、居民消费的影响调查以及住区在新业态刺激前后的对比，探究商业业态变更下传统住区商业发展的规律；

②对比传统住区与新兴社区的商业设施，发掘其在邻里交往中的作用，同时探究传统住区商业的更新模式是否就是新兴社区商业的模式；

③总结商业业态变更背景下传统住区商业更新存在的问题，结合居民实际需求，初步探究传统住区商业和谐更新的模式，并为住区的良性发展提供一些建议。

1.2 调研范围及对象

调查范围：本次调查范围为胜利苑地区。包括胜利苑小区以及与之毗邻的蚕庙里、陶角里、灵德里、颜家里、长隆公寓、东新园（局部）等地。北起香积寺东路，南至德胜中路，东临长滨路，西达东新路。该区域是杭州较为典型的传统住区集中区（附图 C–2、附图 C–3）。

附图C–1 杭州大型超市入驻组图

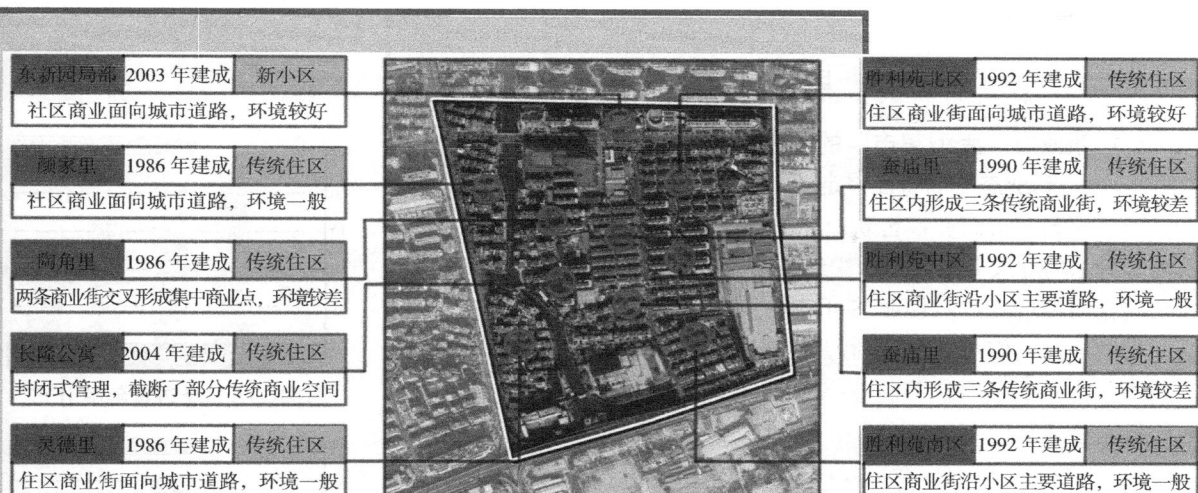

东新园局部	2003 年建成	新小区
社区商业面向城市道路，环境较好		

颜家里	1986 年建成	传统住区
社区商业面向城市道路，环境一般		

陶角里	1986 年建成	传统住区
两条商业街交叉形成集中商业点，环境较差		

长隆公寓	2004 年建成	传统住区
封闭式管理，截断了部分传统商业空间		

灵德里	1986 年建成	传统住区
住区商业街面向城市道路，环境一般		

胜利苑北区	1992 年建成	传统住区
住区商业街面向城市道路，环境较好		

蚕庙里	1990 年建成	传统住区
住区内形成三条传统商业街，环境较差		

胜利苑中区	1992 年建成	传统住区
住区商业街沿小区主要道路，环境一般		

蚕庙里	1990 年建成	传统住区
住区内形成三条传统商业街，环境较差		

胜利苑南区	1992 年建成	传统住区
住区商业街沿小区主要道路，环境一般		

附图C-3　调研地区概况

调研对象（附表 C-1）：传统住区居民，经营者，管理者。问卷针对传统住区居民，经营者，新小区居民发放，有效回收率 92%、100%、97%（附表 C-2）。

1.3 调研思路及研究框架

1.3.1 调研思路

本次调研采取以定量分析的问卷调查法、定性分析的访谈法、固定区域和对象的实地考察、查阅文献等方法为主，通过现象分析、需求分析、综合归纳，总结并提出传统住区更新的理想模式以及相应的建议。

1.3.2 研究框架（附图C-4）

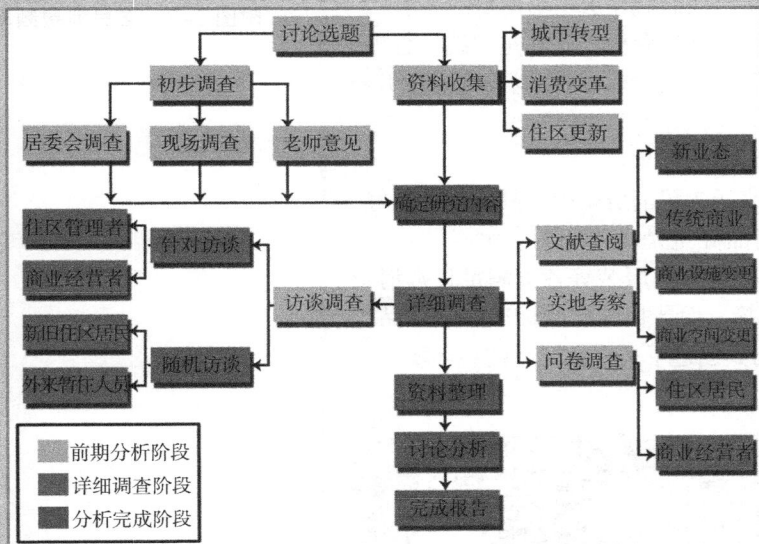

附图C-4　调查研究框架

调研对象概况　附表 C-1

人群分类	调查对象
居民	传统住区居民、东新园小区居民
经营者	传统商业经营者、超市经营者
管理者	传统社区管理者

问卷调查概况　附表 C-2

问卷调查对象	问卷数量	有效回收率
传统住区居民	80	92%
经营者	40	100%
新小区居民	40	97%

第2章 调研与分析

2.1 新业态"大型超市"的入驻

2.1.1 "新业态"的特征界定

当今中国城市商业零售新业态快速发展，特别是近五六年，家乐福、沃尔玛等大型连锁超市纷纷进入各大城市，取代着传统商业。那么究竟何种形式的零售业态可以被界定为新业态呢？通过资料查找，我们根据人们已经形成的习惯认识，选取了大型超市、仓储式大商场、24小时便利店等新业态对"新业态"的一般特征进行了概括（附表C–3）。

"新业态"特征概况　　　　　　附表C–3

	经营主体	经营方式	经营内容	经营规模	经营时间	地理位置	面向人群
特征	各类商家	出租	混合型	一般较大	一般8点至22点	面向城市主要道路	社会大众

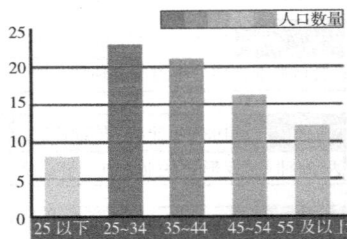

附图C–5　受访者年龄分布

我们选取新业态中的大型超市为例，对其入驻传统社区后所带来的影响进行了深入的调查。受访的人群年龄以25~44岁的为主（附图C–5），家庭月收入收入一般在3000~10000元之间（附图C–6）。

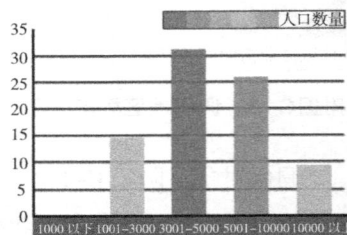

附图C–6　受访者家庭月收入分布

2.1.2 大型超市的兴起原因

经调查我们发现三年前在沃尔玛还未进入住区时，53.8%的居民基本天天在住区商业进行消费。而在沃尔玛入驻之后至现在，大量的居民都部分甚至完全地将购物点转移至沃尔玛，在住区商业消费的次数明显减少（附图C–7）。一方面，可以看出传统住区商业受到了强烈的打击，另一方面也反映出人们对在沃尔玛消费的需求。

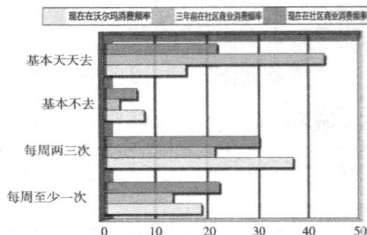

附图C–7　居民消费频率概况

沃尔玛作为大型超市主要代表，其经营模式基本是"统一管理、统一配送、商品自选、统一收银"。那么它是以何种竞争优势吸引着人们来此消费呢？

经调查我们得出以下结论：

首先，60%以上的居民选择来沃尔玛消费是因为其购物环境好、品质有保证、商品齐全。显然商品齐全是沃尔玛的一大经营特征，它的经营范围包含了食品、生鲜至家电、服装等各类满足日常消费的商品，同一种商品又有多种选择。而严格的质检标准为其产品质量提供了保证，统一的管理更是为其创造了一个良好的购物环境（附图C–8）。

附图C–8　沃尔玛购物环境组图

其次，价格便宜、促销活动多、自主选择强也是居民认为较为突出的优点。沃尔玛会不定期进行部分商品的促销活动，而且每晚9点前后还会有生鲜食品的"降价清库"，这些优点更能吸引一些为了减少消费支出的低收入家庭前来购物。

此外，服务配套好、营业时间长且固定等各种优点也从一定程度上使得沃尔玛成了居民购物的首选（附图C-9）。

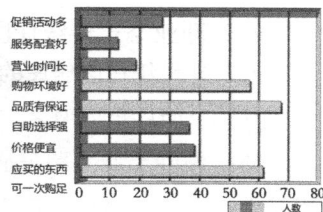
附图C-9　沃尔玛的经营优势

2.1.3 大型超市的消费约束

沃尔玛拥有如此多的优于传统住区商业的特点，不禁让我们生疑，难道它就没有消费上的缺陷吗？为此，我们选择了部分居民进行访谈，结果发现大部分人觉得沃尔玛消费不存在问题。于是，我们对沃尔玛进行了实地观察：我们发现，消费者在大型超市里的消费流程都是被"标准化"的（附图C-10）。

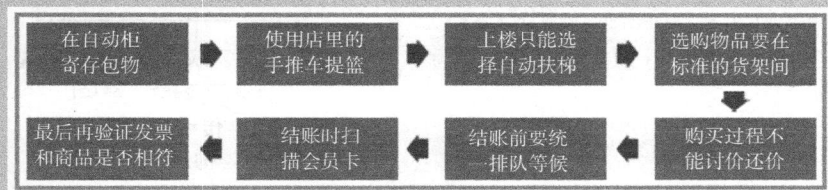
附图C-10　沃尔玛的购物流程

消费者在这个消费空间里遵循着高效且理性的消费规则。我们做出假设：沃尔玛以其运作模式、经营理念对消费者进行着"型塑"，而消费者由于沃尔玛购物的便利而忽视了这些精神层面的约束。基于假设，我们对住区居民进行了调查。

我们发现：居民普遍意识到在沃尔玛消费缺乏人情味。

首先，整个购物流程下来除了结账时基本不存在和他人的交流。

其次，跟传统住区商业相比，居民对沃尔玛的熟悉度要差很多，大部分人觉得找东西不方便，为了购买二层食品而必须穿越三层更让人觉得浪费时间。

此外，付款排队久也容易滋生大部分人的厌烦情绪（附图C-11）。

2.1.4 小结

大型超市以其购物环境好、品质有保证、商品齐全等各项优势满足了居民物质层面的消费需求，然而其过于机械化的购物流程却没能满足居民精神消费的需求，没能创造传统住区商业所拥有的富有人情味的购物空间。

被访者1沃尔玛给您的感觉是怎样的，您觉得它存在什么不足吗？
答：东西挺多的，感觉都挺好，可能去一次花的时间比较多。

被访者2您觉得在沃尔玛消费会有什么约束吗？
答：排队比较浪费时间，其他还好吧。

被访者3您觉得沃尔玛存在哪些问题？
答：地方大了，找东西不方便，很枯燥。

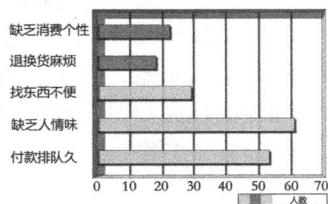
附图C-11　沃尔玛存在的问题

2.2 新业态对传统住区的影响

2.2.1 传统住区居民的变化

1. 住区居民构成演变

住区内部主要有两类居民：早年入住的本地居民和周边长城机电企业的工人。这些居民由于当时特定的住房分配制度，不仅社会结构相对稳定，经济地位相似，而且共同居住在以里弄为主的社区内，并形成了一种内聚性的社区关系（附图C-12）。

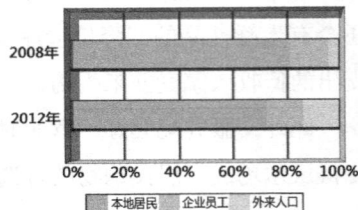

附图C-13 住区居民构成

附图C-12 内聚性里弄社区组图

随着经济社会的发展，部分里弄内的居民为了改善住房条件而搬迁出去。遗留下来的空房则被一些新外来者所占据（附图C-13）。他们大都是外地人口，尽管住区内部设施老化，但是相对低的租金和靠近工作地点吸引他们进入住区。

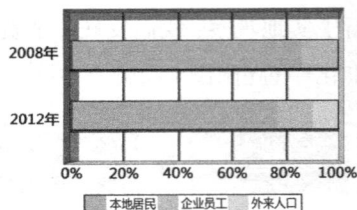

附图C-14 传统商业消费人群构成

2. 住区居民的消费习惯变更

从消费人群的构成来看，大部分外来者在居住一年后基本能够融入住区，成为住区社会网络中的一员。经过访谈我们得知，外来者通过在社区商业长时间习惯性消费后，增加了与当地居民的熟悉度，形成了相同的生活、消费文化。可见，传统住区商业给居民创造了一种提供自发交流可能的环境，其消费人群构成有所增加（附图C-14）。

从整体消费的趋势来看，住区大部分居民普遍形成了一种新业态消费情节。居民整体在住区商业消费的频率有所降低（附图C-15）。

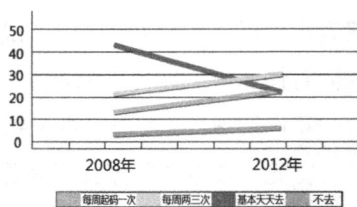

附图C-15 传统商业消费频率

2.2.2 传统住区商业的重组

传统住区商业：以一定地域居住区为载体，以区域内社区群众为主要服务对象，以便民利民为宗旨，以不断提升居民综合生活质量和提高社区归属感为目标，通过各种商业业态、商业业种和商业功能的集聚，提供日常物质生活、精神生活需要的商品和服务的属地型商业。

1. 商业设施的变更

1）部分类型商业设施难以维系

沃尔玛入驻后，某些传统商业由于缺乏竞争优势而倒闭，商业设施数量有所减少。我们对沃尔玛入驻前后住区内部商业设施进行了调查（附表C-4、附表C-5、附图C-16、附图C-17）。

沃尔玛入驻前商业设施概况			附表 C-4
路名	路段总长度(m)	设施数量	设施密度（处/km）
胜利巷	243.00	41	168.72
长浜弄	510.00	108	211.77
陶角巷	262.00	49	187.02
灵德巷	205.00	32	156.10
蚕庙三弄	185.00	33	178.38
中诸葛路	431.00	45	104.41
长浜路	314.00	21	66.88
胜利弄（南）	162.00	20	123.46
胜利弄（北）	165.00	18	109.10
陶角一弄	198.00	36	181.82
总计	2675.00	403	150.65

沃尔玛入驻后商业设施概况			附表 C-5
路名	路段总长度(m)	设施数量	设施密度（处/km）
胜利巷	243.00	30	123.46
长浜弄	510.00	86	168.63
陶角巷	133.00	25	187.97
灵德巷	205.00	32	156.10
蚕庙三弄	185.00	33	178.38
中诸葛路	431.00	30	69.61
长浜路	314.00	21	66.88
胜利弄（南）	162.00	20	123.46
总计	2183.00	277	126.89

附图C-16　沃尔玛入驻前商业设施分布

附图C-17　沃尔玛入驻后商业设施分布

结果发现：在沃尔玛入驻后，传统商业设施数量减少近 1/3，每公里的商业设施也减少近 30 家。而这些变化集中体现在靠近沃尔玛的胜利巷、长浜弄、陶角弄、中诸葛路、胜利弄（北）和陶角一弄上，尤其是胜利弄（北）和陶角一弄，沃尔玛对其造成的影响是颠覆性的，两条街上的商业设施没能维系下去，经营者大多选择将其出租（附图 C-18）。

那么沃尔玛究竟对哪些类别的商业设施影响较大呢？其原因又是什么？这些设施的变更对居民生活的影响又会有多大？为了弄清这些问题，我们对不同类型的商业设施的变化进行了调查。

我们根据马斯洛需求层次理论以及不同类型商业设施对人群的聚集能力，同时参考《国家零售业态分类标准》（2004 版），对住区内部商业设施进行了分类（附表 C-6）。这些设施共同构成了住区的传统商业空间环境。

附图C-18　被迫出租的商业设施

商业设施分类 附表 C-6

分类	功能类型	具体商业类型	举例
主导商业 满足生活基本需求，是各业态的龙头，具有较强的聚客能力和导向作用	购物功能：提供食品、日常生活用品、生活杂品	菜市场 食杂店 便利店 社区超市等	
	娱乐休闲功能：提供娱乐、聚会、休闲、健身服务	茶馆 桌球店 踩吧 棋牌室等	
	餐饮功能：提供就餐、订餐、送餐服务	早餐店 特色餐馆 连锁餐饮等	
特色商业 提供具有居住区特色的服务，吸引客流，丰富业态	生活功能：提供理发、洗衣、彩扩等综合生活服务	照相彩扩 书店、音响 美容美发 洗涤、染烫等	
	家庭服务功能：提供家庭钟点工、家政服务、家庭护理等服务	钟点工 家政服务 家庭护理等	
	维修功能：提供家庭设施、日常用品修理的服务	修车店 电器维修 修伞、缝补等	
	可生资源回收服务功能：固定收购，保证居民废旧物品的交售	废弃物回收 破旧家电回收等	
辅助商业 提供配套服务功能，满足居民生活需求	医疗保健功能：提供社区内的就医、保健等医保服务	药店 诊所等	
	公共服务功能：移动、邮政、电信等公共事业	银行 移动代理 电信、邮局等	
	其他服务功能：满足居民其他生活需求	花店 宠物店等	

经过调查，我们对沃尔玛入驻前后商业设施在传统住区的构成进行了统计（附图C-19）。

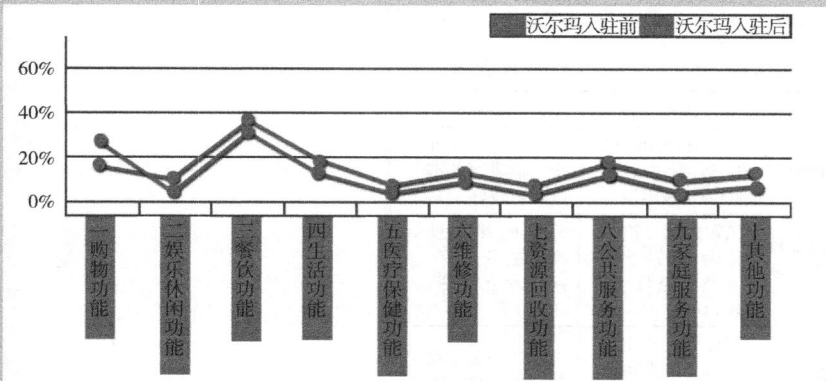

附图C-19　商业设施构成概况

结果显示，沃尔玛对诸如食杂店、便利店等日常购物功能为主的传统商业造成冲击较大，而对诸如理发店、修理店等类型设施的影响较小。然而食杂店、便利店等类型的商业设施在传统住区商业中却占着主导地位，通过访谈，我们发现居民对其的依赖不仅是物质上的购物需求，更是一种内心的寄托。

那么究竟是什么原因导致了此类型商业设施的难以维系呢？我们从居民的消费频率，居民消费需求度和商业设施所能提供的服务进行了分析评价，总结如下：

（1）居民在食杂店、便利店等购物功能为主的商业设施消费频率降低（附图C-20）。大部分居民将购物点转移至沃尔玛。

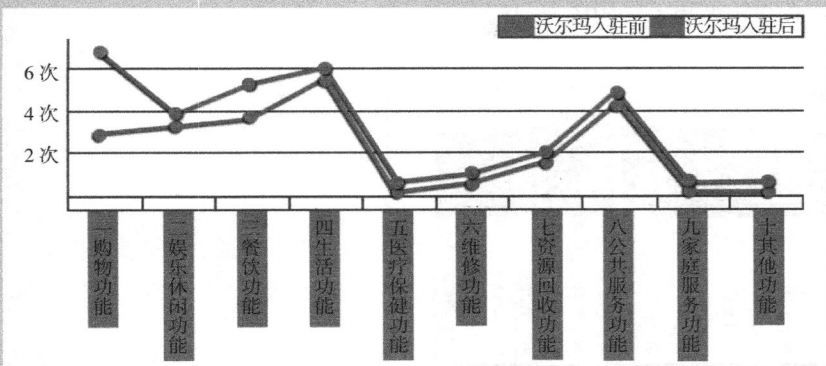

附图C-20　居民每周在传统商业的消费频率

（2）杂货店、便利店等购物功能为主的商业设施所提供的商品与服务不能满足居民的需求。我们按居民对不同配套设施的需求强度差异，把不同的商业配套设施按需求比重50%以上、20%～50%、20%以下分为3个层次（附表C-7）。

可以看出：居民对购物功能商业设施以及娱乐性的商业设施需求度最大，然而自沃尔玛进入后，购物功能为主的商业设施经营却受到前所

被访者1 您觉得这些杂货店、小卖部与沃尔玛在购物上的不同之处在哪里？
答：这边比沃尔玛方便，而且大家都比较熟悉，但是东西没那么多。

被访者2 您平时来这些杂货店或是小卖部只是买东西吗？
答：那肯定不是，有些店主关系都比较好，每天出来都是下班这个时间，街里街坊聚在一起会聊聊天，东西倒不一定天天会买。

居民对不同
商业设施的需求　附表 C-7

强度需求	需求比重
菜市场	66.1%
食杂店	63.7%
便利店	52.7%
娱乐场所	85.3%
银行	56.9%

中度需求	需求比重
餐饮店	35.7%
美容美发	38.5%
洗衣彩扩	32.7%
书店音响	43.8%
电信、邮局	48.8%
药店	46.5%

弱度需求	需求比重
维修店	18%
旧货回收	16%
家政服务	8.7%
花店、宠物店	13%

未有的打击。为此，我们从商品质量、门店环境、便利性、服务等角度对此类商业设施进行了调查评价（附表 C-8）。

对购物功能商业设施的评价　　　　　　　　附表 C-8

设施名称	商品质量	门店环境	便利性	服务
菜市场	总体较有保证，存在部分经营者卖不新鲜商品	菜市场内卫生情况一般，垃圾存放设施缺乏	居民距菜市场的最远距离超过800m，较不便	市场规章制度齐全，商家服务态度相对较好
食杂店	商品质量保证性一般，存在较超市多的退换货现象	大部分店内部较为拥挤，卫生情况较差	销售香烟、饮料、休闲食品，种类繁杂，经营品牌较为单一	邻里间熟悉度高，服务较好，部分存在赊账，送货上门
便利店	商品质量保证性较大型超市差，但退换货较方便	环境相对卫生，清洁状况较好，内部不拥挤	营业时间在12小时以上，以休闲食品类为主，种类单一	商家服务态度较好，部分存在赊账

结果显示：菜市场、食杂店、便利店普遍存在商品质量保证性不及大型超市，购物环境差，经营品种单一等缺点，不能满足居民对其的强度需求。

2）住区与传统商业的关联性逐渐消失

沃尔玛入驻后，部分商家积极作出响应，调整商业经营内容。原先经营的主要为满足居民日常生活的需求的商业类型被一些面向更为区域化消费市场的商店所取代。商业发展脱离地方生活需求。这种现象集中反映在中诸葛路的商业设施变更上（附图 C-21）。

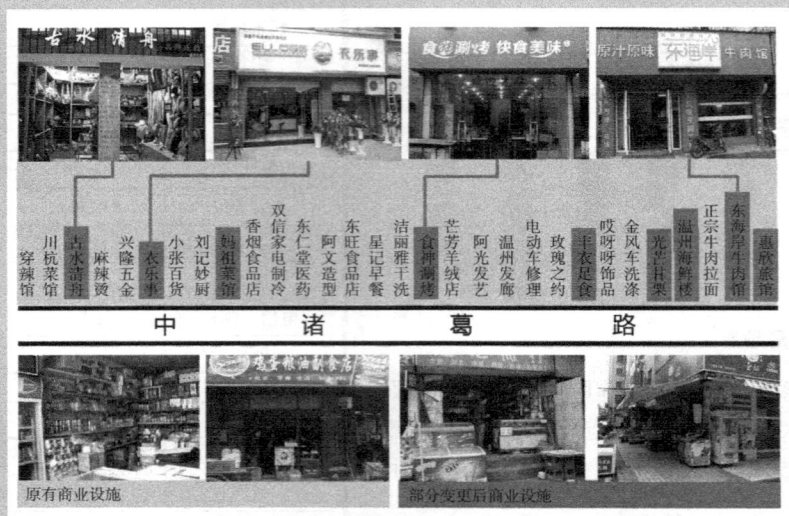

附图C-21　中诸葛路部分更替的商业设施

我们对变更后的商业设施的使用者构成情况做了调查，发现居民对变更后的设施使用明显减少，取而代之的是外界的消费群体（附图C-22）。可见，住区商业更加面向区域化，在邻里层面的服务功能有多降低。作为传统住区主要公共空间的商业空间逐渐减少。

2. 商业空间结构的重构

1）住区原本商业街相互连通的关系被打破

沃尔玛入驻前几乎每条里弄式商业街都会有开向城市道路的开口，商业街之间也是彼此连通。形成以城市道路为主干、里弄商业街为枝干的毛细血管状空间组织结构。这种空间组织结构使居民更容易汇聚到街道之上，社区与街道连接的弄堂口和街道之间的交叉口成为了街道上最充满生活气息的场所（附图C-23）

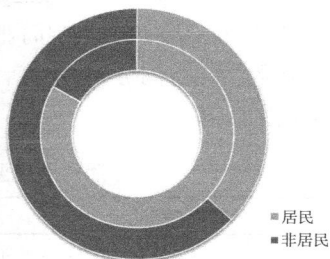

附图C-22　商业设施变更前后使用者对比

路名	沃尔玛入驻前后商业路段概况	附表 C-9
	沃尔玛入驻前商业路段长度 (m)	沃尔玛入驻后商业路段长度 (m)
胜利巷	243.00	176.00
长浜弄	510.00	403.00
陶角巷	262.00	133.00
灵德巷	205.00	205.00
蚕庙三弄	185.00	185.00
中诸葛路	431.00	286.00
长浜路	314.00	314.00
胜利弄（南）	162.00	162.00
胜利弄（北）	165.00	0
陶角一弄	198.00	0
总计	2675.00	1864.00

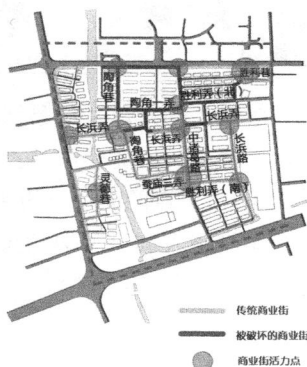

附图C-23　沃尔玛入驻前商业空间结构

沃尔玛入住后，原来毛细血管的空间组织方式遭到破坏，而对弄堂口以及交叉口的使用随着空间组织方式的转变也逐渐消失，剩余的都集中在住区内部（附表C-9、附图C-24）。

购物中心背后的空间则被货运、停车和一些垃圾清运等购物中心的物业活动所占据。社区不得不通过围墙来隔离，以避免购物中心背后的活动对他们生活的影响（附图C-25）。

附图C-24　沃尔玛入驻后商业空间结构

附图C-25　被沃尔玛侵占的住区公共空间

2）商业空间活力点减少

传统住区商业活力点的形成主要依托街道交叉口以及弄堂口（附图C-26）。沃尔玛在影响商业街的同时,局部破坏了商业空间活力点,使其数量在空间分布上有所减少。剩余的商业空间活力点大多集中于住区内部。

图C-26　商业空间活力点组图

活力点主要商业设施　　　　　　　　　　附表C-10

购物功能	娱乐休闲功能	餐饮功能
以蔬菜、水果、肉类等店为主	以桌球、下棋等娱乐活动为主	以传统餐饮为主,多属中低档餐饮

然而,令人惊奇的是活力点的人气依旧旺盛。为此,我们对其进行了调查,究竟是哪些类别的商业设施支撑了活力点的人气。结果发现:活力点的商业设施主要就是住区主导商业设施(附表C-10),因其能满足人们最普遍的需求而吸引人们集聚,此外,还有不少流动摊位在活力点上集聚。

2.2.3 新旧商业与邻里关系

1. 传统住区的公共空间类型

住区的公共空间设置主要是为住区居民提供一个休憩和交流的场所,从而促进住区居民生活品质的提升和邻里关系的健康发展。

调研发现:胜利苑地区的公共活动空间类型主要有老年活动中心、棋牌室等室内活动类型（附图C-27）和传统商业空间两大类。此外,还有部分滨河空间。可见,传统住区商业空间不仅承担了住区主要公共空间的功能,更是各组团社区之间联系的桥梁。

附图C-27　住区棋牌室组图

2. 商业空间内居民的熟悉度调查

传统住区商业的服务对象主要是住区居民,零距离的接触体现出其亲和力和便捷性,经调研发现:

（1）店主认识社区里的大部分人,会觉得为社区服务就是社区生活的一部分;

（2）大多数居民彼此熟识,购物成了与他人交流的最佳时机;

（3）某个居民在社区便利店里赊账不会有问题,该人的声誉众所周知（附图C-28）。

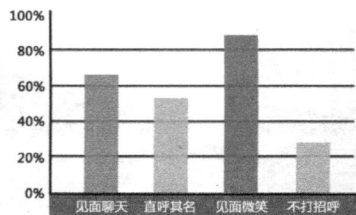

附图C-28　商业空间居民熟悉度

只有当居民对社区有了一定程度的心理依赖感和归属感，才能在社区中找到属于自己的空间，获得群体认同，社区商业服务才能更完善。可以说，传统住区商业空间是维系住区居民情感，构建"熟人生活圈"心理依赖的载体。

3. 居民消费的层次界定

马斯洛理论把人的需求分成生理需求、安全需求、归属与爱的需求、尊重需求和自我实现需求五类，概括而言可以分物质需求和精神需求两大类，而我们所创造的消费空间正是为了最大化地满足人的这两种需求。

（1）大型超市的消费层次：当住区居民被问到在沃尔玛是否会和人进行主动交流时，75%的人表示只有遇到邻居、朋友等熟人时才喜欢打招呼（附图 C-29）。可见，大型超市更多地满足了物质消费需求。

然而沃尔玛内也有意识地设置了一些休息区，以期在提供休息的同时，也提供了一种交往空间。经观察发现沃尔玛休息区大部分时间是被闲置的（附图 C-30）。在对居民调查后，51%的人表示从没想过在休息区休息，41%的居民只有累了才会去休息，期间也并不发生和他人的交流（附图 C-31）。可见，大型超市的休息区并没有发挥它该有的交往功能。

（2）传统住区商业的消费层次：通过访谈我们发现传统住区商业吸取了中国传统商业文化中的"情感买卖"，与消费者的接触往心理层次发展，不仅承载了经济交换和消费的功能，并在一定程度上承载了社会交换和公共福利功能，创造了一种物质和精神双重满足的消费文化。

2.2.4 小结

传统住区商业作为传统住区内部最主要的公共空间，在为居民提供购物功能的同时有利于居民自发地共享、交流，是社区关系网络形成的基础和维持的保障。大型超市的入驻，在改变居民消费的同时，迫使传统商业进行设施更替和空间重组，这种变化导致的却是住区商业的外部化，住区的公共空间实质上正潜移默化的减少，这也意味着住区居民的精神消费逐渐面临缺失。传统住区商业必须更新，其更新不仅要借鉴大型超市的优点，更要保留其原有的特色和人文关怀，建构成一个充满意义的空间。

2.3 利益群体的需求分析

2.3.1 关注住区居民

在调研中，居民也意识到传统住区商业存在它优于大型超市的特点。其中，购物快速方便、人群熟悉度高，有归属感、促进邻里交流的特点最得到居民的认同（附图 C-32）。鉴于它拥有许多大型超市不具备的特

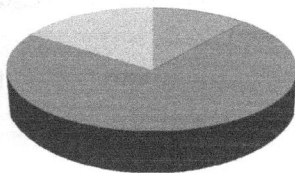

附图 C-29 商业空间居民的交流

附图 C-30 被闲置的超市休息区

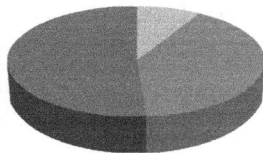

附图 C-31 居民对休息区的利用

被访者 1 您有与自己熟悉发店铺的店主朋友吗？

答：有很多，这条街上所有的人基本都认识。

被访者 2 您有在哪家店里赊账的经历吗？

答：有的，那些店主都认识，过个一两天去付钱也没关系。

点，大部分的居民还是认为虽然大型超市进入了住区，但住区商业原有的杂货店、夫妻小店等还是有存在的必要，不过在一定程度上需要进行改造（附图C-33）。大部分的居民认为除了改善卫生环境外，增加商业设施种类、优化其布局也是很重要的方面。因此社区商业要在新业态的冲击下继续生存下去，必须做出相应调整。

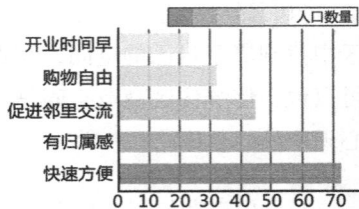
附图C-32 传统住区商业特色

2.3.2 关注经营者

传统住区商业的经营者基本都是原住民。大部分在外不从事其他职业。自从2008年沃尔玛入驻后，给住区传统商业带来的打击是前所未有的。有些经营者顶着压力继续经营，生意却大不如前；有些索性改变经营的内容，面向更为区域化的市场，但难再有往日邻里闲聊的场景，自身对社区的归属感也大不如前。为此，经营者们更多希望的是通过商业设施的更替，不仅留住往日商业经营的繁华，更加留住往日光顾的住区消费群体，留住那一份自发而又熟悉的美好。

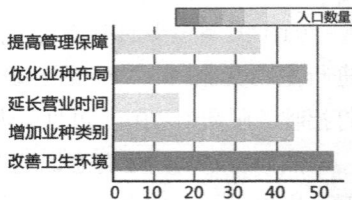
附图C-33 住区商业改进方向

2.3.3 关注社区管理者

社区管理者不仅面临着如何减小沃尔玛所带来的局部空间上的大人流的集聚对传统住区的影响，更加希望通过对住区环境的改善和对商业设施的扶持、调整和管理，从内部解决其自身经营上的不足，创造和谐的住区购物生活娱乐环境，提升居民生活品质。

2.3.4 小结

大型超市虽然具有其无与伦比的竞争优势，但无论是住区居民、经营者还是管理者，对其的依赖都没有上升到像对住区商业那样的物质和情感双重需求，他们都希望通过对住区商业设施及空间环境的调整，促进传统住区商业在新形势下的发展繁荣。

2.4 临近的新型社区商业
2.4.1 新型社区商业特征分析

新型社区概念：以房地产开发为主体的新型房地产物业管理型社区，其整体特点是具有新型管理模式的时代特征，生态环境较好，业主参与管理性强，带有一定的封闭性。

新型社区商业是以开发商出租给各类商家的模式运营，经营内容混合多样，通常有便利店、专卖店、折扣店等，但未进行规划控制。空间位置上通常分布在社区的外围，面向城市主要道路，面向社会大众。属于"新业态"的范畴（表2-1）。本调研中以所选传统社区北边的东新园新型社区商业为例进行分析。

东新园北边的社区商业共有 37 家,如阿迪达斯、耐克、美特斯邦威等服饰专卖店;中国建设银行、杭州银行等公共服务项目;以及足浴、美容等娱乐休闲店铺(附图 C-34)。

2.4.2 居民的使用情况调查

我们选取了 10 个典型的店铺(附表 C-11),然后随机对东新园的 40 位居民进行了使用情况的调查,得出了以下数据结果(附图 C-35):

调查店铺编号 附表 C-11

店铺编号	店铺名称	店铺编号	店铺名称
1	美特斯邦威	6	长江天音手机广场
2	义乌小商品	7	九洲大药房
3	德甲足浴	8	艺仕达国际儿童教育
4	美丽芭莎(发廊)	9	中国建设银行
5	全捷网吧	10	固安捷(工业用品)

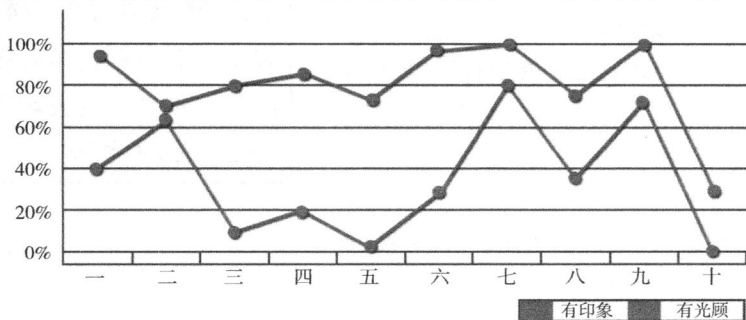

附图 C-35 使用情况统计

经调查发现,东新园的居民对该社区商业的使用率偏低,对店铺有印象的比重集中在 80% 上下,而有光顾的比重平均只有 35%,所选的典型店铺里就有三个光顾率在 10 以下。这表明,新型社区商业在塑造社区邻里关系上并没有发挥很大的作用。

2.4.3 居民的认同度调查

经调查我们还发现,高达 93.3% 的东新园居民表示该社区商业更多的是面向社区外的消费人群,它更像是属于街道的,而不是社区的(附图 C-36)。

我们列出了一些居民对社区商业的感知因子,让 60 位东新园居民以 0~5 分对其进行打分,根据公式整合得出以下结果:

附图 C-34 东新园社区商业组图

被访者 1 您为什么不常去东新园门口的店铺消费呢?

答:卖的东西不是平时经常特需要买的东西。有时候希望能够穿得很随便地走到楼下吃个便饭,但却没有这样的条件。

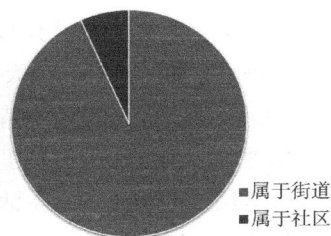

■属于街道
■属于社区

附图 C-36 社区商业认同度

社区商业感知因子得分表		附表 C-12
	感知因子	得分
1	便利程度	4.0
2	舒适程度	3.2
3	安全程度	4.5
4	价格合理度	3.6
5	满足人们日常生活的程度	1.9
6	提供产品/服务档次的合适度	3.8
7	总体满意度	2.8

每位居民的打分分别为:

d_1、d_2、d_3、…、d_{60}

则总得分 $D=$

$(d_1+d_2+d_3+\cdots+d_{60})/60$

可以看出东新园的居民对该社区商业总体满意度偏低,只得到了 2.8 的评分,主要的不满意体现在满足人们日常生活程度的因子上,商业设施经营内容并不符合居民日常生活所需(附表 C-12)。

在访谈中,还有居民抱怨社区里面缺乏供娱乐休闲的商业设施。他们下班后只能待在家里,想下楼玩玩却不知道去哪里,虽然小区里也有绿地公园,但那似乎更是老人跟小孩活动的地方,而这些年轻人则更需要一些具体的商业活动的吸引。而这也是新型社区邻里熟知度低的一个原因。

被访者 1 你对东新园的商业设施有没有什么想法?

答:希望小区里能多开些娱乐性的商业设施,像棋牌室、桌游吧这样的店,能在下班之后过去玩玩,也能多认识些邻居。

2.4.4 小结

对于上述使用率低和认同度低的现象,我们根据居民的反应及分析总结出几点原因:

(1)商业的功能选择缺乏统一规划。商业店铺以出租或自营的形式来经营各种商业,商业的业态是由经营者自主选择的。这种选择导致的结果是居民需求与社区商业业态的不匹配有些业种过剩,有些则缺少,当地居民的需求没有切实地得到满足。

(2)在空间上不够便利。在空间位置上看,东新园的社区商业位于小区外围。这对于住在较里面的居民来说具有一定的距离,没有起到社区商业该有的"便民"的作用。

(3)没有给居民以社区的归属感。商业店铺处在城市主干道路边上,又让居民感到没有归属感和安全感。在这里很难出现某个居民走进一家店跟老板聊聊天,顺便买些东西的画面。

(4)没有满足居民的精神需求。社区是满足居民日常物质生活和精神生活的场所,但是事实上新型社区商业在经营管理中没有以满足居民的一部分精神生活需求为己任,因此也无法真正地吸引居民长期进行消费。

可以说,传统住区商业的更新模式绝非类似东新园新型商业的经营模式,其更新更应注重对传统的保留和对人文关怀的创造。

第3章　总结与建议

3.1 传统住区商业更新模式推导

经过综合调查分析，我们得出传统住区商业的更新主要考虑以下几个方面：

1）从传统住区商业与大型超市的共赢发展角度看，传统住区商业的更新应充分吸收大型超市的经营优点，同时保留自身的特色，取长补短。

这就要求传统住区商业调整其经营内容，在维持其餐饮、生活、维修等特色功能的同时，改善购物、娱乐休闲功能，使其购物与大型超市互为补充。整治其经营环境，使居民在住区便能享受购物休闲一体化的体验。提升其经营保障，在保证商品质量的同时提升各类服务的质量，是住区居民获得对住区商业的完全的安全感。

2）从传统住区商业本身的商业设施内容及其空间布局看，其更新必然需要强化住区商业的内聚力，使其成为能满足居民物质和精神双重享受的场所。

这就要求传统住区商业设施的选择应以满足居民的内在需求为根本目的，这样才能保证住区商业的活力，同时延续和强化邻里关系。针对居民的需求，我们对住区商业设施的一般构成进行了统计（附图C-37）。

商业设施空间分布统计
附表 C-13

业态	位置
菜市场	主出入口、主干道住区几何中心
食杂店	一般位于住区内部，大多靠近道路转角口
便利店	靠近主出入口，离居住区域较近
休闲场所	无特殊要求，但要有一个较好的展示面
餐饮	偏好社区商业街两端，临主干道
书店音响	靠近主出入口或社区活动中心
洗衣彩扩	靠近主出入口，离居住区域较近
美容美发	无特殊要求
家政服务	属于新兴社区的过渡业态，位置上要求不高
旧货回收	无特殊要求
维修	出入口、主干道
银行	主干道
电信邮政	一般位于社区内部道路交叉口
药店	主出入口、主干道
其他	位置要求不高，可移动弹性较强

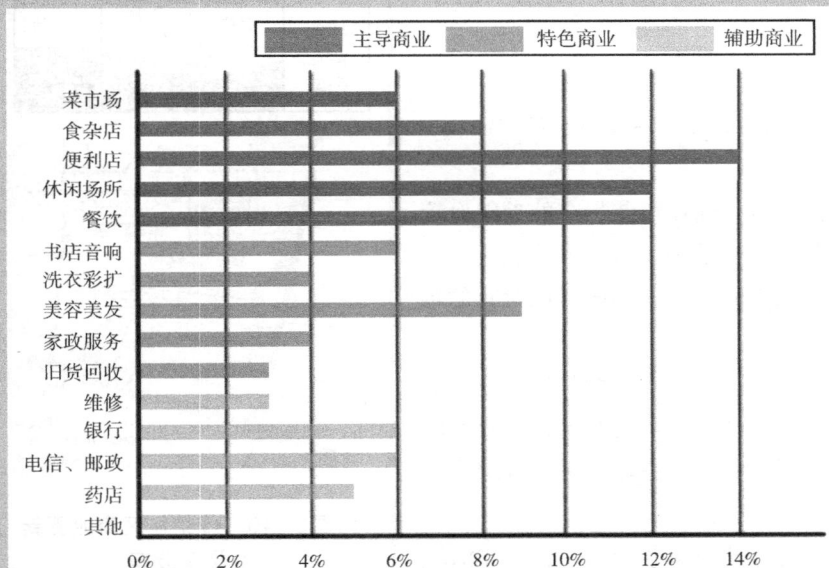

附图C-37　居民需求的商业设施构成统计

在了解居民对各类商业设施的需求的基础上，我们对这些商业设施的空间布局进行了统计（附表C-13）。

基于分析，我们总结了各类商业设施的空间布局规律：

（1）商业街口的选择应与住区的主次入口相结合，商业人流的走向亦应与住区的人流走向相结合，使商业不扰乱居民的正常生活（附图C-38）。

（2）主导商业的布点不宜仅限于某个社区中心，而应在多个社区中心，结合人流集聚点（包括人流焦点和人流端点，附表C-14）布置，以形成商业活力点（附图C-39）。

人流聚集特征分析 　　　　　　附表 C-14

人流焦点	人流端点
一般位于住区出入口或住区街道交叉口，单个社区而言，一般具有唯一性，是人的集散地，具有凝聚人流的作用	一般位于住区出入口，是拉动人流的关键，可以多个并存，有效提升人流流动频率

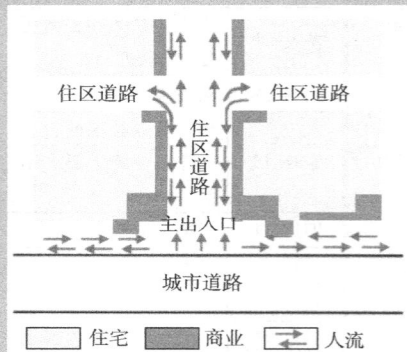

附图C-38　商业街口与人流示意

附图C-39　主导商业的布置

（3）商业设施的空间布局应保留传统商业街巷特有的毛细血管空间组织方式，更应以合理的服务半径在毛细血管的各节点注入活力元素，强化商业在此的空间类型和空间集聚，形成居民对其的场所认同和归属。

3）从传统住区商业和新型社区商业对比看，传统住区商业的更新更应强化其内部性和可达性。其更新模式绝不是新型社区商业的类型。更应注重对传统的保留，而不是将传统商业变更为区域化服务的商业类型。

这就要求传统住区商业加强其内部商业街巷的建设，而非沿城市主干道的商业。因为前者才是真正为住区居民服务，能创造邻里氛围的商业类型，同时商业业种的选择也应以满足居民的日常生活为住。

结合我们提出的结论，从商业设施的内容及空间布局的角度，我们推导出了一个传统住区商业更新的理想模式（附图C-40）：

活力点商业类型	购物	娱乐	餐饮
特色商业类型	生活家政	维修	可回收服务
辅助商业类型	医疗	公共服务	其他

附图C-40　传统住区商业更新类型及分布

3.2 经营管理上的建议

（1）科学、合理地规划和调整住区商业设施网点的布局。住区商业在规划时要将便民放在第一位。除了要设置以经营副食品、小百货等生活日用品为主的快餐店、便利店，还应加快发展适应现代人生活需求的娱乐性商业设施以及社区医药、保健、洗染维修、代理服务等服务网点。真正做到"便利消费进社区，便民服务进家庭"。

（2）加强住区各类店铺业主和经营者的培训和教育。住区管理者应该组织对住区各类店铺业主和经营者进行专业的培训和教育，提升从业业主的整体素质。并且适时开展最满意的社区店铺评选活动，为优秀业主和店铺授牌，既为店铺进行了免费的宣传，又能够调动住区居民参与住区建设的积极性。

（3）改善住区商业环境，加强管理，提升居民的社区商业感知。感知质量对社区商业满意度影响最大，因此加大对感知质量的提升，可以起到事半功倍的效果。通过改善住区逐渐衰败的商业环境，同时提供经营以及购物的政策保障，给居民及经营者提供心理上的足够安全感，提高居民对住区商业的感知度，促进"情感买卖"的延续和发展。

参考文献

[1] 李程骅.商业新业态——城市消费大变革 [M].南京：东南大学出版社，2004.

[2] 彭晖.四川北路购物中心对地方社会网络的影响 [D].上海：同济大学，2008.

[3] 李程骅.论商业新业态对家庭消费出行空间的影响 [J].江苏社会科学，2006(03)：2-3.

[4] 乜标，俞佳峰.城市社区商业满意度实证研究 [J].北京工商大学学报，2011(04)：1-8.

[5] 周露.现代城市社区新型邻里关系的空间架构——社区商业空间的功能构建 [J].城市管理，2006(05)：1-3.

[6] 于秋玲，管驰明.传统零售业态与新型零售业态的共存与发展 [J].经济研究导刊，2007(03)：1-4.

[7] 戴冬晖，王雪."全过程"视角下的传统商业街区更新策略——以台湾三峡老街为例 [C]// 规划创新：2010 中国城市规划年会论文集，2010.

[8] 姜静静.20 世纪 50~70 年代美国购物中心的兴盛及其原因与影响 [D].上海：华东师范大学，2010.

参考文献

[1] John Forester. Planning in the Face of Power[M]. Berkeley and Los Angeles：University of California Press,1989.

[2] Henri Lefebvre. The Production of Space, [M].Blackwell Publishing, 1974/1984：31.

[3] A. 吉登斯. 社会的构成 [M]. 李康，李猛译. 北京：生活·读书·新知三联书店，1998.31-104.

[4] G. 莱特，P. 雷比诺. 陈志梧译. 权利的空间化 [M]//. 包亚明编. 后现代性与地理学的政治. 上海：上海教育出版社，2001：29 — 39.

[5] K· 阿罗. 信息经济学 [M]. 北京：北京经济学院出版社，1989.

[6] [美] 阿里·迈达尼普尔. 城市空间设计——社会—空间过程的调查研究 [M]. 欧阳文等译. 北京：中国建筑工业出版社，2009.

[7] 爱德华·W. 索亚. 后现代地理学——重申批判社会理论中的空间 [M]. 王文斌译 .. 北京：商务印书馆，2004.

[8] [美] 艾尔·巴比. 社会研究方法邱泽奇译. 第 10 版. 北京：华夏出版社，2005.

[9] 陈秉钊. 城市规划专业面临的历史使命 [J]. 城市规划汇刊，2004（5）:25-28.

[10] 陈秉钊. 谈城市规划专业教育培养方案的修订 [J]. 规划师，2004（4）：10-11.

[11] 陈前虎.《城乡规划法》实施后的城市规划教学体系优化探索 [J]. 规划师，2009（4）：54-59.

[12] 陈云. 居住空间分异：结构动力与文化动力的双重推进 [J]. 武汉大学学报（哲学社会科学版），2008（05）.

[13] 城市规划专业指导委员会 编制. 全国高等学校土建类专业本科教育培养目标和培养方案及主干课程教学基本要求—城市规划专业 [M]. 北京：中国建筑工业出版社，2004.

[14] 戴慧思. 中国都市消费革命 [M]. 北京：社会科学文献出版社，2006.

[15] 戴维·哈维. 后现代的状况 [M]. 北京：商务印书馆，2003.

[16] 冯健. 城市社会的空间视角 [M]. 北京：中国建筑工业出版社，2010.

[17] 风笑天. 现代社会调查方法 [M]. 武汉：华中科技大学出版社，2009.

[18] 顾朝林. 城市社会学 [M]. 南京：东南大学出版社，2002.

[19] 亨利·列斐伏尔. 王志弘译. 空间：社会产物与使用价值 [M]//. 包亚明编. 现代性与空间的生产. 上海：上海教育出版社，2003.47-58.

[20] 黄初冬，陈前虎，武前波.“城市规划系统工程学”研究性、案例式教学方法探讨 [M]//2013 全国高等学校城乡规划学科专业指导委员会年会论文集. 北京：中国建筑工业出版社，2013:393-396.

[21] 黄亚平 . 城市规划、城市空间环境建设与城市社会发展 [J]. 城市发展研究，2005,12（2）：12–16.

[22] 李浩 . 城市规划社会调查课程教学改革探析 [J]. 高等建筑教育，2006（3）：55–57.

[23] 李和平，李浩 . 城市规划社会调查方法 [M]. 北京：中国建筑工业出版社，2004.

[24] 梁鹤年 . 改革——中国城市规划教育迫在眉睫的选择 [J]. 城市规划，1995(5):13–16.

[25] 谭少华，赵万民 . 论城市规划学科体系 [J]. 城市规划学刊，2006（5）：58–61.

[26] 石崧，宁越敏 . 人文地理学"空间"内涵的演进 [J]. 地理科学，2005，25（3）：340–345.

[27] 唐子来 . 不断变革中的城市规划教育 [J]. 国外城市规划，2003，18（3）：1–3.

[28] 汪芳，朱以才 . 基于交叉学科的地理学类城市规划教学思考——以社会实践调查和规划设计课程为例 [J]. 城市规划，2010,34（7）：53–61.

[29] 王承慧，吴晓等 . 东南大学城市规划专业三年级设计教学改革实践 [J]. 规划师，2005（4）：48–54.

[30] 王圣云 . 空间理论解读：基于人文地理学的透视 [J]. 人文地理，2011（1）：15–18.

[31] 武前波，陈前虎 . 城市空间与社会调研：城市规划专业社会综合实践调研的教学探索 [M] //2011 全国高等学校城市规划专业指导委员会年会论文集 . 北京：中国建筑工业出版社，2011：265–270.

[32] 武前波，陈前虎，黄初冬 . 基于地方社区规划师制度构建的城乡社会调查教学探索——以浙江工业大学为例 [M].2014 全国高等学校城乡规划学科专业指导委员会年会论文集 . 北京：中国建筑工业出版社，2014:551–555.

[33] 吴晓，魏羽力 . 城市规划社会学 [M]. 南京：东南大学出版社，2010.

[34] 吴一洲，武前波，陈前虎 . 高校参与社区规划师制度的"政—产—学—研"模式 [M]//2014 全国高等学校城乡规划学科专业指导委员会年会论文集 . 北京：中国建筑工业出版社，2014:222–226.

[35] 吴志强，于泓 . 城市规划学科的发展方向 [J]. 城市规划学刊，2005（6）:2–10.

[36] 阎云翔 . 汉堡包与社会空间，北京的麦当劳消费 [M] // 戴慧思，卢汉龙译著 . 中国城市的消费革命 . 上海：上海社会科学院出版社，2003.

[37] [丹麦] 扬·盖尔 . 交往与空间 [M]. 何人可译 . 北京：中国建筑工业出版社，2002.

[38] 赵民 . 在市场经济条件下进一步推进我国城市规划学科的发展 [J]. 城市规划汇刊，2004（5）：29–30.

[39] 赵民，林华 . 我国城市规划教育的发展及其制度化环境建设 [J]. 城市规划汇刊，2001(6):48–51.

[40] 赵万民，李和平等 . 城市规划专业教育改革与实践的探索 [J]. 规划师，2003（5）：71–73.

[41] 朱静 . 城市居住空间分异的结构与文化解释 [J]. 城市问题，2011（04）.